学看 XUEKAN
建筑工程施工图丛书
JIANZHU GONGCHENG SHIGONGTU CONGSHU

暖通空调施工图
（第二版）

主编｜乐嘉龙　参编｜周锋　陈钢

中国电力出版社
CHINA ELECTRIC POWER PRESS

内 容 提 要

本书是学看建筑工程施工图丛书之一，内容主要包括：怎样看与暖通有关的建筑施工图，怎样看采暖通风工程图，怎样看管道工程图，怎样看供暖施工图，怎样看空调施工图，怎样看煤气供应图等。为便于读者学习和掌握所学的内容，书末附有《暖通空调制图标准》节录、采暖通风和空调工程施工图实例与识图点评。本书具有很强的实用性和针对性。

本书可以作为从事建筑施工技术人员学习暖通空调施工图的学习指导书，也可以供建筑行业其他工程技术人员及管理人员工作时参考使用。

图书在版编目（CIP）数据

学看暖通空调施工图／乐嘉龙主编. —2 版. —北京：中国电力出版社，2018.3
（学看建筑工程施工图丛书）
ISBN 978−7−5198−1444−1

Ⅰ．①学…　Ⅱ．①乐…　Ⅲ．①房屋建筑设备−采暖设备−建筑制图−识图法②房屋建筑设备−通风设备−建筑制图−识图法③房屋建筑设备−空气调节设备−建筑制图−识图法　Ⅳ．①TU83

中国版本图书馆 CIP 数据核字（2017）第 294992 号

出版发行：中国电力出版社
地　　址：北京市东城区北京站西街 19 号　（邮政编码 100005）
网　　址：http：//www.cepp.sgcc.com.cn
责任编辑：乐　苑
责任校对：太兴华
装帧设计：王红柳
责任印制：杨晓东

印　　刷：三河市航远印刷有限公司
版　　次：2002 年 1 月第一版　2018 年 3 月第二版
印　　次：2018 年 3 月北京第 3 次印刷
开　　本：787 毫米×1092 毫米　16 开本
印　　张：9.75
字　　数：234 千字
定　　价：39.00 元

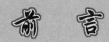

前　言

　　图纸是工程技术人员共同的语言。了解施工图的基本知识和看懂施工图纸，是参加工程施工的技术人员应该掌握的基本技能。随着我国经济建设的快速发展，建筑工程的规模也日益扩大。刚参加工程建设施工的人员，尤其是新的从业建筑工人，迫切需要了解房屋的基本构造，看懂建筑施工图纸，为实施工程施工创造良好条件。

　　为了帮助工程技术人员和建筑工人系统地了解和掌握识图的方法，我们组织编写了《学看建筑工程施工图丛书》。本套丛书包括《学看建筑施工图》《学看建筑结构施工图》《学看钢结构施工图》《学看给水排水施工图》《学看暖通空调施工图》《学看建筑装饰施工图》《学看建筑电气施工图》。本套丛书系统介绍了工程图的组成、表示方法，施工图的组成、编排顺序和看图、识图要求等，同时也收录了有关规范和施工图实例，还适当地介绍了有关专业的基本概念和专业基础知识。

　　《学看建筑工程施工图丛书》第一版出版已经有十几年，受到了广大读者的关注和好评。近年来各种专业的国家标准不断更新，设计制图也有了新的要求。为此，我们对这套书重新校核进行了修订，增加了对现行制图标准的注解以及新的知识和图解，以期更好地满足读者对于识图的需求。

　　限于时间和作者水平，疏漏和不妥之处在所难免，恳请广大读者批评指正。

编者

2018 年 2 月

第一版前言

　　图纸是工程技术人员的共同语言。了解施工图的基本知识和看懂施工图纸，是参加工程施工的技术人员应该掌握的基本技能。随着改革开放和经济建设的发展，建筑工程的规模也日益扩大。对于刚参加工程建筑施工的人员，尤其是新的建筑工人，迫切希望了解房屋的基本构造，看懂建筑施工图纸，学会这门技术，为实施工程施工创造良好的条件。

　　为了帮助建筑工人和工程技术人员系统地了解和掌握识图、看图的方法，我们组织了有关工程技术人员编写了"学看建筑工程施工图丛书"，本套丛书包括《学看建筑施工图》《学看建筑结构施工图》《学看建筑装饰施工图》《学看给水排水施工图》《学看暖通空调施工图》《学看建筑电气施工图》。本丛书系统介绍了工程图的组成、表示方法，施工图的组成、编排顺序和看图、识图要求等，同时也收录了有关规范和施工图实例，还适当地介绍了有关专业的基本概念和专业基础知识。

　　书中列举的看图实例和施工图均选自各设计单位的施工图及国家标准图集。在此对有关设计人员致以诚挚的感谢。为了适合读者阅读，作者对部分施工图作了一些修改。

　　限于编者水平，书中难免有错误和不当之处，恳请读者给予批评指正，以便再版时修正。

编者

2001 年 7 月

目 录

第一章

怎样看与暖通有关的建筑施工图

第一节 建筑施工图概述

建筑设计图是房屋建筑的技术依据。建筑设计图包括设计方案图、各类施工图和竣工图。

建筑设计一般分为三个阶段，即经过方案比较和选择，做出初步设计，最后完成技术设计和施工图设计的过程。一般性的建筑工程设计工作是将初步设计和技术设计合并为扩大初步设计，这样全部设计工作即为扩大初步设计和绘制施工图两个阶段。

当确定建造所需要的房屋后，要根据需求者对房屋的使用要求，进行占地面积、建筑面积、层数、建筑形式等要求的技术设计。初步设计绘出房屋的方案图，对于重要的和较为复杂的建筑，方案图要多绘制出几个，以便于进行比较和选择。方案图包括：平面布置、立面处理、剖面图及各层标高，以及需要进一步说明的局部构造。

为了使建设投资者对建筑设计有具体和更明确的了解，重要的大型建筑有时需要绘制建筑物立体透视图，有时需要在建筑平面图上加绘室内布置图等。

在房屋方案图上，只标注主要尺寸和标高，不必像施工图那样标注详细尺寸。

方案图的立体透视图艺术性较强，要求能够充分反映出设计意图，突出该方案图的优点，使建设方满意。

技术设计是根据已选定的方案，进一步解决各种技术问题，计算主要构件，梁板设计布置等，然后分建筑、结构、水暖、电气等专业绘制各类施工图。

1. 图纸目录

图纸目录列出了各专业图纸名称、张数、图号顺序。

2. 总说明

总说明主要说明工程的概况和总的要求。内容包括：工程设计依据（如建筑面积、造价以及有关的地质、水文、气象资料等），设计标准（如建筑标准、结构荷载等级、抗震要求、采暖通风要求、给水方式、照明标准等），施工要求（如施工技术和材料等）等。

3. 建筑施工图

建筑施工图主要表示建筑物的内部布置情况、外部形状以及装修、构造、施工要求等。基本图纸包括总平面图、平面图、剖面图、详图等。详图包括墙身剖面图，楼梯、门、窗、厕所、浴室及各种装修、构造等详细做法。

4. 结构施工图

结构施工图主要表示承重结构的布置情况，构件类型、大小以及构造做法等。基本图纸包括基础图、柱网布置图、楼盖结构布置图等。构件包括柱、梁、板、楼梯、雨篷等。

一般混合结构自首层室内地面以上的砖墙及砖柱由建筑图表示，首层地面以下的砖墙由结构基础图表示。

5. 给水排水施工图

给水排水施工图主要表示管道的布置和走向、构件做法和加工安装要求等。图纸包括平面图、系统图、详图等。

6. 采暖通风施工图

采暖通风施工图主要表示暖气片及通风设备、管道布置、安装要求等。图纸包括平面图、系统图、安装详图等。

7. 电气施工图

电气施工图主要表示配电方式、电线线路走向及安装要求等。图纸包括平面图、系统图、接线原理图及详图等。

第二节　建筑总平面图

一、用途

建筑总平面图表示一项工程的总体布局。它主要表示原有和新建房屋的位置、标高、道路布置、构筑物、地形、地貌等，也是新建房屋定位、施工放线、土方施工以及施工总平面布置的依据。

二、基本内容

建筑总平面图表明新建区的总体布局，包括占地范围、各建筑物及构筑物的位置、道路、管网的布置等。它确定了建筑物的平面位置，一般根据原有房屋或道路定位。建设成片住宅、较大的公共建筑物、工厂或地形较复杂时，用坐标确定房屋及道路转折点的位置。表明建筑物首层地面的绝对标高。室外地坪、道路的绝对标高，说明土方填挖情况、地面坡度及雨水排出方向。用指北针表示房屋的朝向。有时用风向玫瑰图表示常年风向频率和风速。

根据工程的需要，有时还有水、暖、电等管线总平面图，各种管线综合布置图，竖向设计图，道路纵横剖面图，以及绿化布置图等。

三、看图要点

了解工程的性质和图纸所用的比例尺，阅读文字说明，熟悉图例。了解建设地段的地形，查看建设用地范围、建筑物的布置、四周环境、道路布置等。图 1-1 所示为某建房用地总平面图，它表明了用地范围与现有道路和民房的关系。

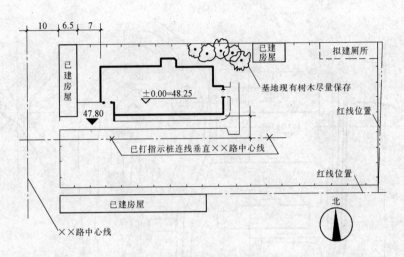

图 1-1   某建房用地总平面图

当地形复杂时，需要了解地形概貌。图 1-2 所示为某工厂的总平面图。从等高线可以看出：东北部较高，西南部略低，东部有一个山头，西部为四个台地。主要厂房建在中部缓坡上，锅炉房等建在较低地段。

了解各新建房屋的室内外高差、道路标高、坡度以及地面排水情况。如图 1-2 所示，查看房屋与管线走向的关系，管线引入建筑物的具体位置，查找定位依据。

四、新建建筑物的定位

（1）根据已有的建筑或道路定位的。如图 1-1 所示，新建房的位置是根据原有房屋和道路定位的。新建房的西墙距原有建筑 7m，与道路中心线平行，西南墙角与原有建筑的南墙平齐。

（2）根据坐标定位。为了保证在复杂地形中放线准确，总平面图中常用坐标表示建筑物、道路、管线的位置。常用的位置表示方法有标注测量坐标和标注建筑坐标。

1）标注测量坐标：在地形图上绘制的方格网叫测量坐标网，与地形图采用同一比例尺，以 100m×100m 或 50m×50m 为一方格，竖轴为 x，横轴为 y。一般建筑物定位应注明两个墙角的坐标，如图 1-2 中的锅炉房。如建筑物的方位为正南北向，则可以只注明一个角的坐标，如图 1-2 中的机修、合成等车间。放线时应以现场已有导线点的坐标为依据，如图 1-2 中 A、B 两导线点，用仪器导测出新建房屋的坐标。

2）标注建筑坐标：建筑坐标就是将建筑地区的某一点定为"0"，水平方向为 B 轴，垂直方向为 A 轴，进行分格。格的大小一般用 100m×100m 或 50m×50m，比例尺与地形图相同。用建筑物墙角距"0"点的距离确定其位置。如图 1-3 所示，甲点坐标为 $\dfrac{A=270}{B=120}$，乙点坐标为 $\dfrac{A=210}{B=350}$。放线时即可从"0"点导测出甲、乙两点的位置。

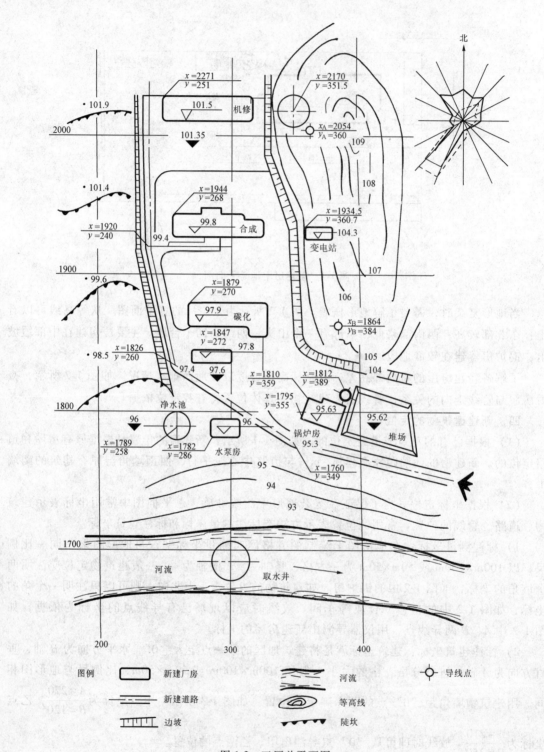

图例
▭ 新建厂房
▬ 新建道路
▥ 边坡
〰 河流
◎ 等高线
⌒ 陡坎
⦵ 导线点

图 1-2　工厂总平面图

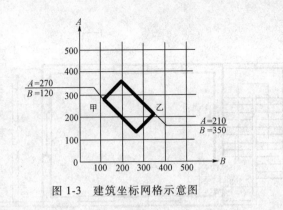

图 1-3 建筑坐标网格示意图

第三节 建筑施工图的识读

一、平面图的识读

建筑平面图是假想沿水平方向剖切房屋后由上向下观察而得到的建筑图。在图纸上，凡是被切到的部分如墙、柱等的轮廓线画成粗实线，没有剖切到但能观察到的部分画成细实线，被遮盖的构件或在剖切线上面的轮廓线则用虚线表示，因此在识读时对各种线型的含义要给予充分的注意。

建筑平面图每层有一张，如果其中有几层的房间布置条件完全相同，就可用一张平面图表示。房屋平面图除了画出建筑的主要轮廓线、内部房间和门窗的布置情况外，还要将室外的台阶、花池、散水、雨水管等画出。两层以上各层平面图，除画出内部结构外，还要画出雨篷、阳台等，在识读时也不能疏忽。

识读平面图的内容和注意事项如下。

（1）查明标题，了解工程性质，通过底层平面图的指北针或风玫瑰图查明建筑物的朝向，图 1-4 所示为一传达室的平面图，方位坐北朝南。

（2）了解建筑物的形状，内部房间的布置，入口、走道、楼梯的位置以及相互之间的联系。从本例中可以知道，传达室是两层楼，楼上楼下各一个房间，底层的门在南面，楼梯在室外。

（3）查明定位轴线，了解墙和柱等承重构件的位置。定位轴线是把房屋中的墙、柱等承重构件的轴线用点划线引出，并进行编号，以便施工中定位放线和查阅其他图纸。定位轴线的编号写在直径为 8mm 的圆内，水平方向编号采用阿拉伯数字，由左向右依次注写，垂直方向编号采用大写的汉语拼音字母，按由下向上的顺序注写。两个轴线之间，当有附加轴线时，编号可用分数表示，分母表示前一轴线编号，分子表示附加轴线编号，如 1/C 表示 C号轴线之后附加的第一根轴线。图 1-4 中的传达室的水平轴线编号为 1、2，垂直向轴线编号为 A、B。

（4）查看建筑物各部分的尺寸，从这些尺寸中可以知道建筑物的总长度、总宽度、总的建筑面积等。

平面图外部一般注有三排尺寸，最外面一尺寸表示建筑物外形轮廓的总尺寸，即最外层边墙之间的尺寸。例如，在图 1-4 中，传达室的最外面一排尺寸为 7040mm 和 3840mm。中

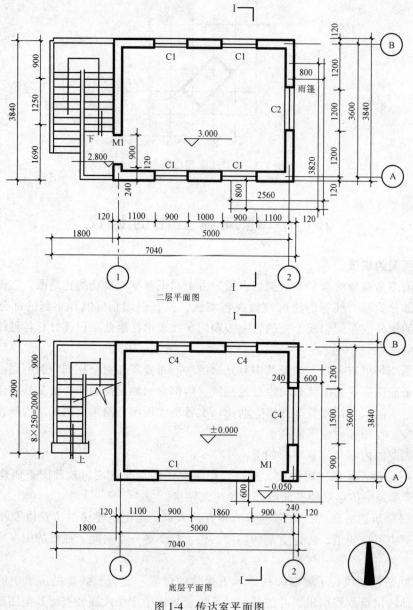

二层平面图

底层平面图

图 1-4　传达室平面图

间一排尺寸是定位轴线间的尺寸。这排尺寸是开挖基槽的定位依据，传达室这一排尺寸为 5000mm 和 3600mm。最里面一排尺寸是外墙上门和窗洞的宽度及其位置尺寸，如传达室底层门洞宽 900mm，右边距 2 号轴线 240mm。

　　平面图内部对房间净长、净宽、墙壁厚度、门窗洞、预留洞槽、地沟、固定设备等的尺寸都有标注，识读时应逐个仔细去看，反复对照。

　　（5）查看地面及楼层标高。平面图上一般均注有相对标高，以底层室内地坪定为 ±0.000。标高数字一般以米为单位，标注至小数点后三位，低于室内地坪的标高在数字前加 "−" 号。例如，在图 1-4 中，传达室二层地坪标高为 3.000m，底层门口踏步标高为 −0.050m。

（6）查看门窗位置及编号，了解各扇门的开启方向。平面图上门窗都是通过图例来表示的，图 1-5 所示是常见的门窗图例。门的代号是 M，后面注以编号，如 M1、M2…；窗的代号是 C，后面注以编号，如 C1、C2…。同一种编号的门窗，其构造和各部尺寸相同，门窗的构造一般可查阅有关的详图或标准图。例如，图 1-4 中传达室的上下层，门是同一种规格，其编号是 M1，窗是四种规格，其编号是 C1、C2、C3、C4。

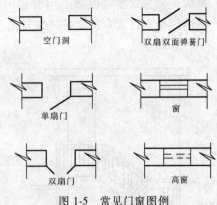

图 1-5　常见门窗图例

（7）平面图上还反映出了其他有关专业对土建的预留洞槽的要求，如设备、管道安装孔，通风管穿墙、穿楼板孔洞、暗装消火栓在墙上的洞槽等，识读时要弄清楚洞槽的位置和尺寸。

（8）识读时要注意室外台阶、花池、散水、雨水管、明沟等的位置和尺寸。

（9）还要注意剖面图的剖切位置。

（10）对于工业建筑，还要查明各种设备、行车等在房屋内的位置。

二、建筑立面图的识读

建筑立面图是针对建筑物各个立面所作的投影图，它反映了建筑物的外貌和装修的做法。立面图除了按朝向和正背方向命名外，还有以定位轴线编号来命名的。

立面图上的门窗分格通常都用简略画法，对于檐口的构造、阳台栏杆、装修等细部，均用图例表示，其具体构造做法应另见详图和文字说明。

识读立面图的主要内容和注意事项如下。

（1）查看房屋的各个立面的外貌，了解屋面、门窗、阳台、雨篷、台阶、花池、勒脚、室外楼梯、雨水管等的位置和形式。图 1-6 所示是传达室的南立面，对照平面图 1-4，可从图上看到：M1 是普通单扇门，门上有雨篷；C1 是单屋向外开的平开窗，屋角有雨水管；西侧有室外楼梯。图 1-7 所示是传达室的西立面，从图 1-7 上可以看到室外楼梯的立面位置情况、二楼门的位置以及檐口的外观。

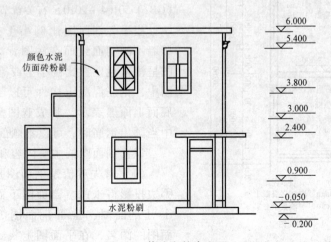

图 1-6　传达室的南立面

窗的开关方式在立面图上用窗格内的斜线表示，单实线表示向外开，单虚线表示向内开，斜线的交点处表示窗的铰链或转轴所在侧，如图1-8所示。

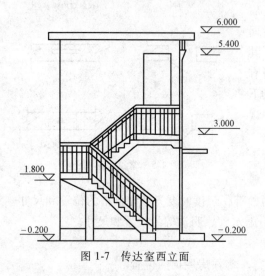

图1-7 传达室西立面

向外开　　向内开

图1-8 窗的开关方式表示法

（2）了解房屋各部位的标高。建筑立面图上通常注有室内外地坪、雨篷底面、窗台、窗口上沿、檐口或女儿墙顶等相对标高，通常都以室内地坪作为±0.000。从传达室南、西两立面中可以看出，室外地坪标高为-0.200m，雨篷底面标高为2.400m，檐口顶面标高为6.000m等。

（3）查明墙面装修材料与做法。例如，传达室南立面上与窗上下口相关的区域内采用颜色水泥假面砖粉刷，勒脚用水泥粉刷，其余部分用1∶1∶6水泥三合细粉刷色。

三、建筑剖面图的识读

建筑剖面图是假想用一垂直于外墙的剖切平面，将房屋剖切后投影所得到的图样，因而房屋内部分屋情况、主要构件之间的联系以及各个部位的标高等都能清楚地反映出来。

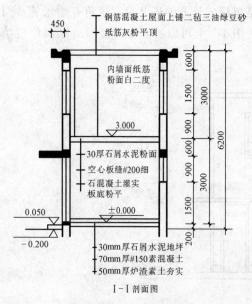

图1-9 传达室Ⅰ-Ⅰ剖面图

对于剖面图上被剖切到的构件或配件的断面，为了区别不同的材料，都用剖面符号表示。建筑材料剖面符号的规定可查阅《建筑制图标准》（GB/T 50104—2010）有关章节的内容。

当平、剖面图比例小于或等于1∶50时，砖墙不画剖面线而在底图背涂红表示，晒成蓝图呈浅蓝色。在比例小于或等于1∶100的剖面图中，钢筋混凝土构件可以不画剖面符号而在底面上涂黑表示，晒成蓝图呈深蓝色，剖面图中当画出钢筋时，可以不画剖面符号。

识读剖面图的主要内容和注意事项如下。

（1）首先看清楚剖面图是从哪里剖切、向哪边投影得来的。剖面图下面都注有图名，如Ⅰ-Ⅰ剖面图、Ⅱ-Ⅱ剖面图等，识读时根据剖面图的图名，在平面图上找到剖切位置，然后将剖面图与平面图对照起来进行识读。图1-9

所示是传达室的Ⅰ-Ⅰ剖面图，它代表的剖切位置可查阅图1-4所示平面图，它是通底层门窗和二楼的南北窗口，剖切面剖切到了门、窗、雨篷、楼板、屋面等。

（2）查明房屋的主要构件的结构形式、位置以及相互之间的关系。例如，屋面、楼板、梁、楼梯的结构形式，用料情况，与墙、柱之间的联系等。从图1-9中可以看出，建筑的屋面是钢筋混凝土板上铺二毡三油绿豆砂，楼板为空心钢筋混凝土楼板，底层地坪为50mm厚清水道碴素土夯实后捣70mm素混凝土，然后用30mm石屑水泥砂浆抹平。

（3）了解室外明沟、散水、踏步、屋面坡度等情况。从传达室Ⅰ-Ⅰ剖面图上可以看出室外门口踏步高150mm。

（4）查清各部分的尺寸和标高，如室外地坪标高、各楼层标高、室内空间净高尺寸、建筑物总高度等。从图1-9中可以看到，传达室总高度为6.000m，二楼地坪标高为3.000m，室内外地坪高差为0.200m等。

四、建筑施工详图的识读

前面介绍的建筑施工图都属于基本图，这些图纸反映了建筑物的全貌，但是比例都比较小，许多房屋局部构造和施工要求等无法表达清楚。为了满足建筑施工的需要，将建筑物的细部、构件等用较大的比例画出来，这种图称为建筑施工详图，简称详图。

1. 详图种类

（1）有特殊设备的房间详图。主要表明固定设备的位置、形状、尺寸，以及预埋件、沟槽等，如化验室、卫生间等详图。

（2）有特殊装修的房间详图。主要表明装修的做法和要求，如吊顶平面、花饰、较复杂墙的装修等详图。

（3）局部构造详图。主要表明局部构造的细部和做法，如墙身、楼梯、门窗、台阶、黑板等详图。

2. 详图索引标志

详图索引标志主要是为了便于在识读平、立面图时查找有关详图。通过索引标志，可以反映基本图与详图之间的关系。

（1）索引标志。当施工图中某一部分或某一构件另有详图时，用单圆圈表示，圆圈直径一般以8～10mm为宜，圆内过圆心画一水平线，分子表示详图编号，分母表示该详图所在图纸编号。如图1-10所示，图1-10（a）表示5号详图在本张图纸内；图1-10（b）表示3号详图在第4号图纸上；图1-10（c）表示采用标准图，标准图册编号为J103，5号标准图在第2号图纸上。

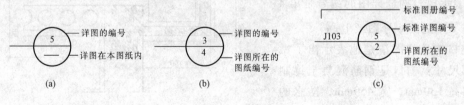

图1-10 详图标志

（2）局部剖面的详图索引标志。当表示图上某一局部剖面另有详图时，采用在引出线一端加一短粗线的方法表示，该粗线表示剖视方向，画在剖切位置上并贯穿剖面的全部。局部剖面的详图索引如图1-11所示。图1-11（a）表示5号剖面详图在本张图纸内，剖面的剖视方向向左；图1-11（b）表示4号剖面详图在3号图纸上，剖面的剖视方向左；图1-11（c）表示3号剖面详图在本张图纸内，剖面的剖视方向向上；图1-11（d）表示2号剖面详图在4号图纸上，剖面的剖视方向向下。

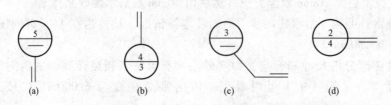

（a）　　　　　（b）　　　　　（c）　　　　　（d）

图1-11　局部剖面详图索引标志

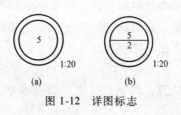

（a）　　　　（b）

图1-12　详图标志

（3）详图的标志。详图的标志用双圆表示，外细内粗，内圆直径一般为14mm，外圆直径为16mm，详图比例应该写在详图索引标志的右下角，如图1-12所示。图1-12（a）表示5号详图在被索引的图纸内，详图的比例为1：20；图1-12（b）表示5号详图在2号图纸上。

3. 标准图

建筑标准图是建筑施工图中具有通用功能的图。标准图有表示一些局部构造，如门、窗、梁、楼板、屋架等的标准部件图或标准构件图，还有表示整套构造的标准设计图。例如，各城市在建筑住宅时，设计的标准住宅图就是一例。通常所说的标准图是指局部的标准构件图。

为了使用方便，将同种性质的构件图汇编成册，并定名编号，称为标准图集。标准图集有全国通用的，有地区通用的，还有某设计者自行编制的仅在本人设计工程项目中通用的。因此，在使用标准图集时要注意看清是出自何处，防止搞错，然后按图集内的规格编号去查找。

4. 识读举例

图1-13所示是传达室檐口构造详图。在西立面图（见图1-7）上的索引标志 ④／⑥ 表示檐口构造详图的编号是第4号，在施工图的第6号图纸上。

该檐口构造详图清楚地表示出了做法及各部尺寸：檐口是钢筋混凝土捣制的，檐口高130mm，宽450mm，防水的做法是二毡三油。

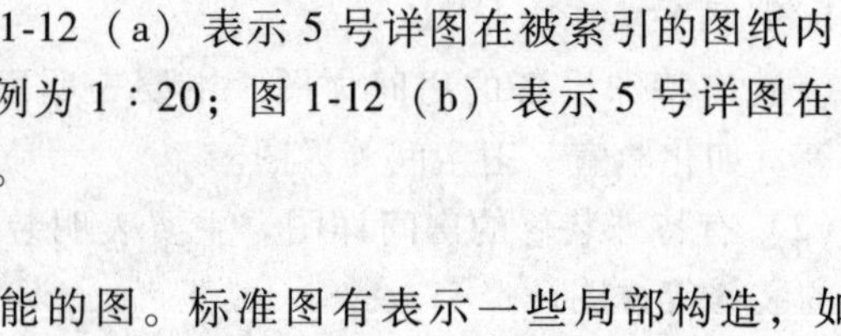

图1-13　传达室檐口构造详图

五、识读建筑施工图的方法

一个建筑物的施工必须有全套施工图纸作为指导，方能顺利地按设计要求完成建筑物的建造。建筑施工图纸的多少，主要取决于工程规模和复杂程度。一项大型的较复杂工程，其图纸可能有几百张，这样多的施工图纸如何进行识读？一般的识读方法是从粗到细，由大到小。拿到图纸后先粗略地看一看，了解该工程图纸有多少类别，每一类图纸中有多少张图，每张图的简单内容是什么，然后再按不同类别仔细识读。识读时，先平面，后立面、剖面，再看详图，并且还要将各个图对照识读，将平、立、剖面图综合起来形成一个完整的建筑物概念。经过认真、仔细、反复的识读，就可以将图纸的内容、设计的目的、施工方法等弄明白，为施工打下基础。

建筑施工图是按正投影原理绘制的，因此识读者必须掌握正投影的基本规律，运用正投影规律将平面的图纸统一成立体建筑实物。

当建筑物的构件和材料种类很多时，为了更好地表示建筑物的各部形状和构造，可采用图例表示，识读时一定要熟练掌握和运用好规定的图例。

识读图纸要细致耐心，把图纸上有关的各类线条、符号、数字进行互相核对，将平、立、剖面图对照起来识读，达到完全掌握和运用图纸进行施工的目的。

第二章

怎样看采暖通风工程图

第一节　采暖通风工程图概述

采暖工程是指在冬季创造适宜人们生活和工作的温度环境，保持各类生产设备正常运转，保证产品质量以及保持室温要求的工程设施。采暖工程由三部分组成：① 产热部分——热源，如锅炉房、热电站等；② 输热部分——由热源到用户输送热能的热力管网；③ 散热部分——各种类型的散热器。采暖工程因热媒的不同，一般可分为热水采暖和蒸汽采暖。

通风工程是指把室内污浊或有害气体排至室外，再把新鲜或经处理的空气送入室内，使空气达到卫生标准和生产工艺要求。它有自然通风和机械通风之分，在机械通风中又分为局部通风和全面通风。使室内空气的温度、湿度、清洁度均保持在一定范围内的全面通风则称为空气调节。

采暖通风工程图是建筑工程图的组成部分，它分为采暖工程图和通风工程图，其中主要包括平面图、系统图、剖面图以及详图等。

第二节　采暖通风工程图的一般规定

一、线型

（1）粗实线（b）。采暖供水、供汽干管、立管，风管及部件轮廓线。

（2）中实线（$0.5b$）。散热器及散热器连接支管线，采暖、通风设备轮廓线。

（3）细实线（$0.35b$）。平、剖面图中土建构造轮廓线，尺寸、图例、标高、引出线等。

（4）粗虚线（b）。采暖回水管、凝结水管，非金属风道（如砖、混凝土风道等）的内表面轮廓线。

（5）中虚线（$0.5b$）。风管被遮挡部分的轮廓线。

（6）细虚线（$0.35b$）。原有风管轮廓线，采暖地沟轮廓线，工艺设备被遮挡部分轮廓线。

（7）细点划线（$0.35b$）。设备、风道及部件中心线，定位轴线。

（8）细双点划线（$0.35b$）。工艺设备外轮廓线。

（9）折断线、波浪线（$0.35b$）。同建筑图。

二、比例

绘图时应根据图样的用途和被绘物体的复杂程度优先选用下列常用的比例，特殊情况允许选用可用比例，具体见表2-1。

图　名	常　用　比　例			可　用　比　例
总平面图	1：500		1：1000	1：1500
总图中管道断面图	1：50	1：100	1：200	1：150
平、剖面图及放大图	1：20	1：50	1：100	1：30　1：40　1：50　1：200
详　图	1：1　1：2　1：5　1：10　1：20			1：3　　1：4　　1：15

三、图例

常用图例及说明见表 2-2。

表 2-2   图　　例

序号	名　称	图　例	说明	序号	名　称	图　例	说明
1	管　道	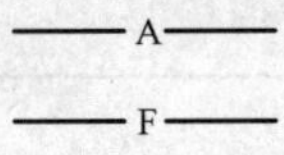 —A—　—F—	用汉语拼音字头表示管道类别	14	闸　阀		
2	采暖 供水(汽)管	 ———	用图例表示管道类别	15	止回阀		
	回(凝结)水管	-----		16	安全阀		
3	保温管			17	减压阀		左侧:低压 右侧:高压
4	软　管			18	散热放风门		
5	方形伸缩器			19	手动排气阀		
6	套管伸缩器			20	自动排气阀		
7	波形伸缩器			21	疏水器	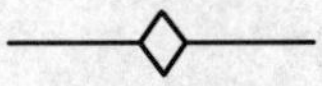	
8	球形伸缩器			22	散热器三通阀		
9	流　向			23	散热器		左图:平面 右图:立面
10	丝　堵			24	集气罐		
11	滑动支架			25	除污器		上图:平面 下图:立面
12	固定支架	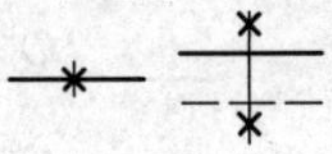	左图:单管 右图:多管	26	暖风机		
13	截止阀						

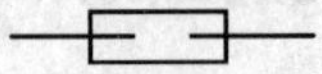

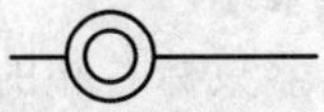

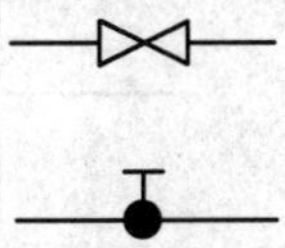

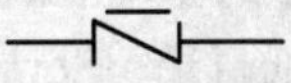

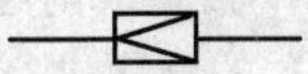

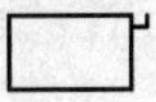

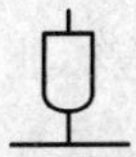

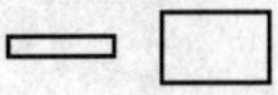

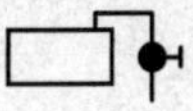

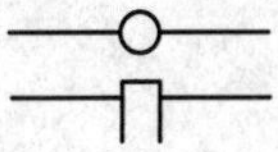

序号	名　称	图　例	说　明	序号	名　称	图　例	说　明
27	风管			31	蝶阀		
28	送风口			32	风管止回阀		
29	回风口			33	防火阀		
30	插板阀		本图例也适用于斜插板	34	风机		流向：自三角形的底边至顶点

四、制图的基本规定

（1）图纸目录、设计施工说明、设备及主要材料表等，如单独成图时，其编号应排在其他图纸之前，编排顺序应为图纸目录、设计施工说明、设备及主要材料表等。

（2）图样需要的文字说明宜以附注的形式放在该张图纸的右侧，并以阿拉伯数字编号。

（3）当一张图纸内绘制有几种图样时，图样应按平面图在下，剖面图在上，系统图和安装详图在右的顺序进行布置。如无剖面图，就可将系统图绘在平面图的上方。

（4）图样的命名应能表达图样的内容。

第三节　采暖工程图的规定画法

一、标高与坡度

（1）需要限定高度的管道，应标注相对标高。

（2）管道应标注管中心标高，并应标在管段的始端或末端。

（3）散热器宜标注底标高，同一层、同一标高的散热器只标右端的一组。

（4）坡度宜用单面箭头表示，数字表示坡度，箭头表示坡向下方，如图 2-1 所示。

二、管道转向、连接、交叉

具体情况如图 2-2 所示。

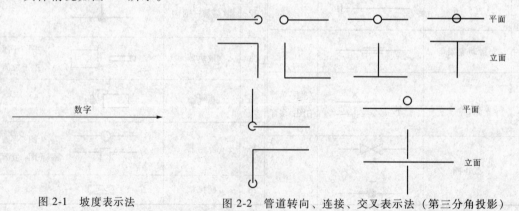

图 2-1　坡度表示法　　　　图 2-2　管道转向、连接、交叉表示法（第三分角投影）

三、管径标注

（1）焊接钢管应用公称直径"DN"表示，如 DN32、DN15 等，如图 2-3 所示。无缝钢管应用外径乘以壁厚表示，如 $D114×5$。

（2）管径尺寸标注的位置如下。

1）管径变径处。

2）水平管道的上方。

3）斜管道的斜上方。

4）竖管道的左侧。

5）当无法按上述位置标注时，可另找适当位置标注，但应用引出线示意该尺寸与管段的关系。

（3）同一种管径的管道较多时，可以不在图上标注管径尺寸，但应在附注中进行说明。

四、编号

（1）采暖立管编号：L 表示采暖立管代号，n 表示编号，以阿拉伯数字表示，如图 2-4 所示。

（2）采暖入口编号：R 表示采暖入口代号，n 表示编号，以阿拉伯数字表示，如图 2-5 所示。

图 2-3　管径尺寸标注位置　　　　图 2-4　采暖立管编号　　　　图 2-5　采暖入口编号

第四节　室内采暖工程图

室内采暖工程包括采暖管道系统和散热设备。室内采暖工程图则分为平面图、系统图及详图。

一、平面图

1. 内容

室内采暖平面图是表示采暖管道及设备平面布置的图纸，其主要内容如下。

（1）散热器平面位置、规格、数量及安装方式（明装或暗装）。

（2）采暖管道系统的干管、立管、支管的平面位置、走向、立管编号和管道安装方式（明装或暗装）。

（3）采暖干管上的阀门、固定支架、补偿器等的平面位置。

（4）与采暖系统有关的设备，如膨胀水箱、集气罐（热水采暖）、疏水器等的平面位置、规格、型号以及设备连接管的平面布置。

（5）热媒入口及入口地沟情况，热媒来源、流向及与室外热网的连接。

（6）管道及设备安装所需的留洞、预埋件、管沟等方面与土建施工的关系和要求。

2. 绘制

（1）平面图的数量。多层房屋的管道平面图原则上应分层绘制，管道系统布置相同的楼层平面可绘制一个平面图。

（2）本专业所需要的建筑部分，原则上应按建筑图抄绘。但该图中的房屋平面图不是用于土建施工的，而是仅作为管道系统及设备的水平布局和定位的基准，因此仅需抄绘房屋的墙身、柱、门窗洞、楼梯、台阶等主要构配件，至于房屋细部和门窗代号等均可略去。同时，房屋平面图的图线也一律简化为用细线（0.35b）绘制。底层平面图要画全轴线，楼屋平面图可以只画边界轴线。

（3）散热器等主要设备及部件均为工业产品，不必详细画出，可以按所列图例表示，采用中、细线（0.5b、0.35b）绘制。散热器的规格及数量标注如下。

1）柱式散热器只注数量。

2）圆翼形散热器应注根数、排数，举例如下。

$$3×2$$
每排根数 ——— 排数

3）光管散热器应注管径、长度、排数，举例如下。

$$D108×3000 \qquad ×4$$
管径（mm）—— 管长（mm）—— 排数

4）串片式散热器应注长度、排数，举例如下。

$$1.0×3$$
长度（m）—— 排数

5）散热器的规格、数量标注在本组散热器所靠外墙的外侧。远离外墙布置的散热器直接标注在散热器的上侧（横向放置）或右侧（竖向放置）。

（4）管道系统的平面图是在管道系统之上水平剖切后的水平投影，按正投影法绘制的。然而各种管道不论在楼地面之上或地面之下，都不考虑其可见性问题，仍按管道类型以规定线型和图例画出。管道系统一律用单线绘制。管道与散热器连接的表示方法见表 2-3。

表 2-3 管道与散热器连接的画法

系统形式	楼层	平 面 图	轴 测 图
单管垂直式	顶层	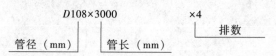	

系统形式	楼层	平 面 图	轴 测 图
单管垂直式	中间层	②	8　8
	底层	*DN*40　②	10　10　*DN*40
双管上分式	顶层	*DN*50　③	③　*DN*50　10　10
	中间层	③	7　7
	底层	*DN*50　③	9　9　*DN*50
	顶层	⑤	⑤　10　10

系统形式	楼层	平 面 图	轴 测 图
双 管 下 分 式	中 间 层	 ⑤	 7 7
	底 层	DN40 DN40 ⑤	 9 9 DN40 DN40

（5）尺寸标注：房屋的平面尺寸一般只需在底层平面图中注出轴线间尺寸，另外要标注室外地面的整平标高和各层地面标高。管道及设备一般都是沿墙设置的，不必标注定位尺寸。必要时，以墙面和柱面为基准标出。采暖入口定位尺寸应由管中心标至所邻墙面或轴线的距离。管道的管径、坡度和标高都标注在管道系统图中，平面图中不必标注。管道的长度在安装时以实测尺寸为依据，故图中不予标注。

（6）绘图步骤。

1）抄绘土建图纸的建筑平面图（有关部分）。

2）画出采暖设备平面图。

3）画出由干管、立管、支管组成的管道系统平面图。

4）标注尺寸、标高、管径、坡度，注写系统和立管编号，以及有关图例、文字说明等。

二、系统图

1. 内容

室内采暖系统图是根据各层采暖平面图中管道及设备的平面位置和竖向标高，用正面斜轴测或正等轴测投影法以单线绘制而成的。它表明以采暖入口至出口的室内采暖管网系统、散热设备、主要附件的空间位置和相互关系。该图注有管径、标高、坡度、立管编号、系统编号，以及各种设备、部件在管道系统中的位置等。把系统图与平面图对照阅读，便可以了解整个室内采暖系统的全貌。

2. 绘制

（1）轴向选择。

1）采暖系统图宜用正面斜轴测或正等轴测投影法绘制。当采用正面斜轴测投影法时，OX 轴处于水平，OZ 轴竖直，OY 轴与水平线夹角选用 45°或 30°。三轴的变形系数都是 1。

2）采暖系统图的轴向要与平面图的轴向一致，也即 OX 轴与平面图的长度方向一致，OY 轴与平面图的宽度方向一致。

3）根据轴测投影的性质，凡与轴向平行或与 XOZ 坐标面平行的管道，在系统图中反映实长，不平行者不反映实长。

（2）比例。

1）系统图一般采用与相对应的平面图相同的比例绘制。当管道系统复杂时，也可放大比例。

2）当采用与平面图相同的比例时，绘制系统图比较方便，水平的轴向尺寸可以直接从平面图上量取，竖直的轴向尺寸可以依层高和设备安装高度量取。

（3）管道系统。

1）采暖系统图中管道系统的编号应与底层采暖平面图中的系统索引符号的编号一致。

2）采暖系统宜按管道系统分别绘制，这样可以避免过多的管道重叠和交叉。

3）管道的画法与平面图一样，采暖管道用粗实线，回水管道用粗虚线，设备及部件均用图例表示，以中、细线绘制。

4）当空间交叉的管道在图中相交时，在相交处将被挡的后面或下面的管线断开。

5）当管道过于集中，无法画清楚时，可以将某些管段断开，引出绘制，相应的断开处宜用相同的小写拉丁字母注明。

6）具有坡度的水平横管无须按比例画出其坡度，而仍以水平线画出，但应注出其坡度或另加说明。

（4）管道与房屋构件的位置关系的表示方法（参见本书有关章节）。

（5）尺寸标注。

1）管径：管道系统中所有管段均需标注管径，当连续几段的管径都相同时，可以仅注其两端管段的管径。

2）坡度：凡横管均需注出（或说明）其坡度。

3）标高：系统图中的标高是以底层室内地面±0.000m为基准的相对标高。除注明管道及设备的标高外，尚需标明室内、外地面，各层楼面的标高。

4）散热器规格、数量的标注：柱式、圆翼形散热器的数量注在散热器内；光管式、串片式散热器的规格、数量应注在散热器的上方。

（6）管道与散热器连接的表示方法见表2-3。

（7）图例。平面图和系统图应统一列出图例。

（8）绘图步骤。

1）选择轴测类型，确定轴测轴方向。

2）按比例画出建筑楼层地面线。

3）按平面图上管道的位置，依系统及编号画出水平干管和立管。

4）依散热器安装位置及高度，画出各层散热器及散热器支管。

5）按设计位置画出管道系统中的控制阀门、集气罐、补偿器、固定卡以及疏水器等。

6）画出管道穿越房屋构件的位置，特别是供热干管与回水干管穿越外墙和立管穿越楼板的位置。

7）画出采暖入口装置或另作详图表示。

8）标注管径、标高、坡度、散热器的规格、数量、有关尺寸，以及管道系统、立管编号等。

三、平面图与系统图的识读

识读室内采暖工程图时需先熟悉图纸目录，了解设计说明，了解主要的建筑图（总平面图及平、立、剖面图）及有关的结构图，在此基础上将采暖平面图和系统图联系起来对照识读，同时再辅以有关详图配合识读。

1. 对图纸目录和设计说明的要求

（1）熟悉图纸目录。从图纸目录中可以知道工程图样的种类和数量，包括所选用的标准图或其他工程图样，从而可以粗略得知工程的概貌。

（2）了解设计和施工说明，它一般包括以下几点。

1）设计所使用的有关气象资料、卫生标准、热负荷量、热指标等基本数据。

2）采暖系统的型式、划分及编号。

3）统一图例和自用图例符号的含义。

4）图中未加注或不够明确而需特别说明的一些内容。

5）统一做法的说明和技术要求。

2. 平面图的识读

（1）明确室内散热器的平面位置、规格、数量以及散热器的安装方式（明装、暗装或半暗装）。散热器一般布置在窗台下，以明装为多，如为暗装或半暗装则一般都在图纸说明中注明。散热器的规格较多，除了可以依据图例加以识别外，一般在施工说明中也有注明。散热器的数量均标注在散热器旁，这样就可以使读者一目了然。

（2）了解水平干管的布置方式。识读时需注意干管是敷设在最高层、中间层，还是在底层，以了解采暖系统是上分式、中分式或下分式还是水平式系统。在底层平面图上还会出现回水干管或凝结水干管（虚线），识图时也要注意。此外，还应搞清干管上的阀门、固定支架、补偿器等的位置、规格及安装要求等。

（3）通过立管编号查清立管系统数量和位置。

（4）了解采暖系统中膨胀水箱、集气罐（热水采暖系统）、疏水器（蒸汽采暖系统）等设备的位置、规格以及设备管道的连接情况。

（5）查明采暖入口及入口地沟或架空情况。当采暖入口无节点详图时，采暖平面图中一般将入口装置的设备（如控制阀门、减压阀、除污器、疏水器、压力表、温度计等）表达清楚，并注明规格、热媒来源、流向等。若采暖入口装置采用标准图，则可以按注明的标准图号查阅标准图。当有采暖入口详图时，可以按图中所注详图编号查阅采暖入口详图。

3. 系统图的识读

（1）按热媒的流向确认采暖管道系统的形式及其连接情况，各管段的管径、坡度、坡向，水平管道和设备的标高以及立管编号等。采暖管道系统图完整地表达了采暖系统的布置形式，清楚地表明了干管与立管，以及立管、支管与散热器之间的连接方式。散热器支管有一定的坡度，其中，供水支管坡向散热器，回水支管则坡向回水立管。

（2）了解散热器的规格及数量。当采用柱形或翼形散热器时，要弄清散热器的规格与片数（以及带脚片数）。当为光滑管散热器时，要弄清其型号、管径、排数及长度。当采用其他采暖设备时，应弄清设备的构造和标高（底部或顶部）。

（3）注意查清其他附件与设备在管道系统中的位置、规格及尺寸，并与平面图和材料表等加以核对。

（4）查明采暖入口的设备、附件、仪表之间的关系，热媒来源、流向、坡向、标高、管径等。如有节点详图，则要查明详图编号，以便查阅。

4. 识读举例

图 2-6～图 2-9 所示为某科研所办公楼采暖工程施工图。它包括平面图（首层、二层和

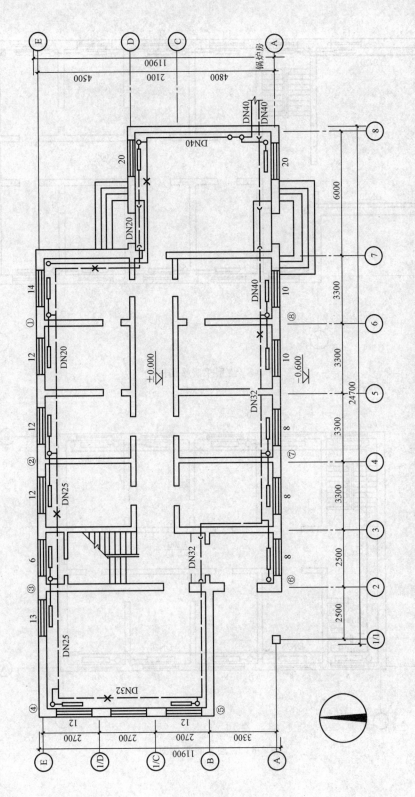

图 2-6 首层采暖平面图

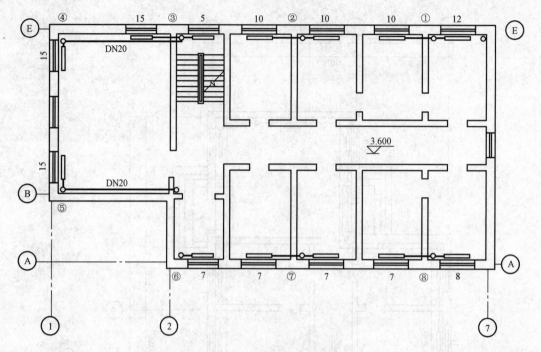

图 2-7　二层采暖平面图

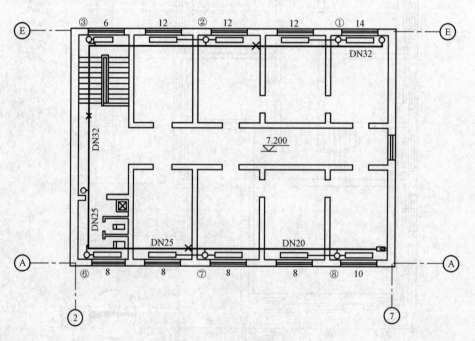

图 2-8　三层采暖平面图

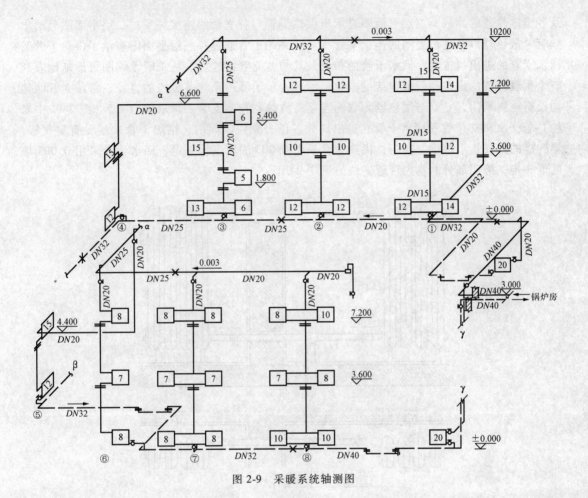

图 2-9 采暖系统轴测图

三层）和系统图。该工程的热媒为热水（70～95℃），由锅炉房通过室外架空管道集中供热。管道系统的布置方式采用上行下给单管同程式系统。供热干管敷设在顶层顶棚下，回水干管敷设在底层地面之上（跨门部分敷设在地下管沟内，如图 2-10 所示）。散热器采用四柱813 型，均明装在窗台之下。供热干管从办公楼东南角标高 3.000m 处架空进入室内，然后向北通过控制阀门沿墙布置至轴线⑦和Ⓔ的墙角处抬头，穿越楼层直通顶层顶棚下标高 10.200m 处，由竖直而折向水平，向西环绕外墙内侧布置，后折向南再折向东形成上行水平干管，然后通过各立管将热水供给各层房间的散热器。所有立管均设在各房间的外墙角处，通过支管与散热器相连通，经散热器散热后的回水，由敷设在地面之上沿外墙布置的回水干管自办公楼底层东南角处排出室外，通过室外架空管道送回锅炉房。采暖平面图表示了首层、二层和三层散热器的布置情况

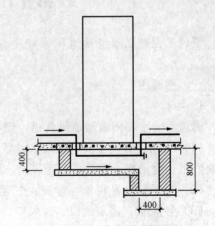

图 2-10 回水管跨门做法

及各组散热器的片数。三层平面图表示出供热干管与各立管的连接关系；二层平面图只画出立管、散热器以及它们之间的连接支管，说明并无干管通过；底层平面图表示了供热干管及回水干管的进出口位置、回水干管的布置及其与各立管的连接。从采暖系统图可清晰地看到整个采暖系统的形式和管道连接的全貌，而且表示了管道系统各管段的直径，每段立管两端均设有控制阀门，立管与散热器为双侧连接，散热器连接支管一律采用 DN15（图 2-11 中未注）管子。供热干管和回水干管在进出口处各设有总控制阀门，供热干管末端设有集气罐，集气罐的排气管下端设一阀门，供热干管采用 0.003 的坡度抬头走，回水干管采用 0.003 坡度低头走，跨门部分的沟内管道做法另见图 2-10。

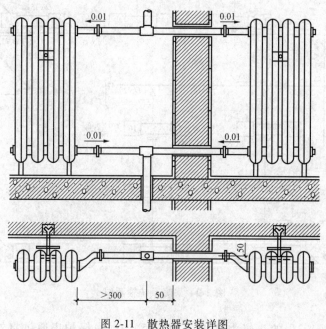

图 2-11　散热器安装详图

第五节　通风工程图

通风工程施工图包括通风系统平面图、剖面图、系统轴测图和设备、构件制作安装详图。

一、平面图

1. 内容

通风系统平面图表示通风管道、设备的平面布置情况，其主要内容如下。

（1）工艺设备的主要轮廓线、位置尺寸、标注编号及说明其型号和规格的设备明细表，如通风机、电动机、吸气罩、送风口、空调器等。

（2）通风管、异径管、弯头、三通或四通管接头。风管注明截面尺寸和定位尺寸。

（3）导风板、调节阀门、送风口、回风口等均用图例表明，并注明型号尺寸。用带箭头的符号表明进出风口空气的流动方向。

（4）如有两个以上的进、排风系统或空调系统则应加编号。

2. 绘制

（1）用细线抄绘建筑平面图的主要轮廓，包括墙身、梁、柱、门窗洞、吊下、楼梯、台阶等与通风系统布置有关的建筑构配件，其他细部从略。底层平面图要画全轴线，楼层平面图可以仅画边界轴线，标出轴线编号和房间名称。

（2）通风系统平面图应按本层顶以下以投影法俯视绘出。

（3）用图例绘出有关工艺设备轮廓线，并标注其设备名称、型号。如空调器、除尘器、通风机等主要设备用中实线绘制，次要设备及部件，如过滤器、吸气罩、空气分布器等用细实线绘制，各设备部件均应标出其编号并列表表示。

（4）画出风管，把各设备连接起来。风管用双线按比例以粗实线绘制，风管法兰盘用单线以中实线绘制。

（5）因建筑平面体形较大，建筑图纸采取分段绘制时，通风系统平面图也可分段绘制，分段部位应与建筑图纸一致，并应绘制分段示意图。

（6）多根风管在图上重叠时，可以根据需要将上面（下面）或前面（后面）的风管用折断线断开，但断开处须用文字注明。两根风管交叉时，可以不断开绘制，其交叉部分的不可见轮廓线可以不绘出。

（7）注明设备及管道的定位尺寸（即它们的中心线与建筑定位轴线或墙面的距离）和管道断面尺寸。圆形风管以"φ"表示，矩形风管以"宽×高"表示。风管管径或断面尺寸宜标注在风管上或风管法兰盘处延长的细实线上方。对于送风小室（简单的空气处理室），只需注出通风机的定位尺寸，各细部构造尺寸则需标注在单独绘制的送风小室详图（局部放大图）上。

二、剖面图

1. 内容

通风系统剖面图表示管道及设备在高度方向的布置情况。其主要内容与平面图基本相同，所不同的只是在表达风管及设备的位置尺寸时须明确注出它们的标高。圆管注明管中心标高，管底保持水平的变截面矩形管，注明管底标高。

2. 绘制

（1）简单的管道系统可以省略剖面图。对于比较复杂的管道系统，当平面图和系统轴测图不足以表达清楚时，须有剖面图。

（2）通风系统剖面图，应在其平面图上选择能够反映系统全貌，与土建构造的相互关系比较特殊以及需要把管道系统表达较清楚的部位应直立剖切，按正投影法绘制。对于多层房屋而管道又比较复杂的，每层平面图上均需画出剖切线。剖面图剖切的投影方向一般宜向上或向左。

（3）画出房屋建筑剖面图的主要轮廓，其步骤是先画出地面线，再画定位轴线，然后画墙身、楼层、屋面、梁、柱，最后画楼梯、门窗等。除地面线用粗实线外，其他部分均用细线绘制。

（4）画出通风系统的各种设备、部件和管道（双线），采用的线型与平面图相同。

（5）标注必要的尺寸、标高。

三、系统图

1. 内容

通风系统轴测图是根据（各层）通过系统平面图中管道及设备的平面位置和竖向标高

用轴测投影法绘制而成的。它表明通风系统各种设备、管道系统及主要配件的空间位置关系。该图内容完整，标注详尽，富有立体感，从中便于了解整个通风工程系统的全貌。当用平面图和剖面图不能准确表达系统全貌或不足以说明设计意图时，均应绘制系统轴测图。对于简单的通风系统，除了平面图以外，可以不绘制剖面图，但必须绘制系统轴测图。

2．绘制

（1）通风系统轴测图一般采用三等正面斜轴测投影或正等测投影绘制，有关轴向选择、比例以及某些具体画法与采暖工程系统轴测图类似，可参照之。

（2）通风系统图应包括设备、管道及三通、弯头、变径管等配件以及设备与管道连接处的法兰盘等完整的内容，并应按比例绘制。

（3）通风管道宜按比例以单线绘制。

（4）系统图允许分段绘制，但分段的接头处必须用细虚线连接或用文字注明。

（5）系统图必须标注详尽齐全。主要设备、部件应注出编号，以便与平、剖面图及设备表相对照；还应注明管径、截面尺寸、标高、坡度（标注方法与平面图相同），管道标高一般应标注中心标高。如所注标高不是中心标高，则必须在标高符号下用文字加以说明。

四、通风工程图的识读

（1）熟悉图纸目录。从图纸目录中可知工程图样的种类和数量，包括所选用的标准图或其他工程图样，从而可以粗略地了解工程的概貌。

（2）了解设计和施工说明。它一般包括以下几点。

1）设计所依据的有关气象资料、卫生标准等基本数据。

2）通风系统的形式、划分及编号。

3）统一图例和自用图例符号的含义。

4）图中未表明或不够明确而需特别说明的一些内容。

5）统一做法的说明和技术要求。

（3）按平面图→剖面图→系统图→详图的顺序依次识读，并随时互相对照。

（4）识读每种图样时均应按通风系统和空气流向顺次看图，逐步搞清每个系统的全部流程和几个系统之间的关系，同时按照图中设备及部件编号与材料明细表对照阅读。

（5）在识读通风工程图时需相应地了解主要的土建图纸和相关的设备图纸，尤其要注意与设备安装和管道敷设有关的技术要求，如预留孔洞、管沟、预埋件管等。

图 2-12～图 2-14 所示是某车间的通风平面图、剖面图和轴测图。从图中可以看出，该车间有一个空调系统。平面图表明风管、风口、机械设备等在平面中的位置和尺寸，剖面图表示风管设备等在垂直方向的布置和标高，从系统轴测图中可以清楚地看出管道的空间曲折变化。该系统由设在车间外墙上端的进风口吸入室外空气，经新风管从上方送入空气处理室，依照要求的温度、湿度和洁净度进行处理，经处理后的空气从处理室箱体后部由通风机送出。送风管经两次转弯后进入车间，在顶棚下沿车间长度方向暗装于隔断墙内，其上均匀分布五个送风口（500mm×250mm），装设在隔断墙上并露出墙面，由此向车间送出处理过的达到室内要求的空气。送风管高度是变化的，从处理室接出时是 600mm×1000mm，向末端逐步减小到 600mm×350mm，管顶上表面保持水平，安装在标高 3.900m 处，管底下表面倾斜，送风口与风管顶部取齐。回风管平行于车间长度方向，暗装于隔断墙内的地面之上 0.15m 处，其上均匀分布着九个回风口（500mm×200mm），并露出于隔断墙面，由此将车

间的污浊空气汇集于回风管，经三次转弯，由上部进入空调机房，然后转弯向下进入空气处理室。回风管的截面高度尺寸是变化的，从始端的 700mm×300mm 逐步增加为 700mm×850mm，管底保持水平，顶部倾斜，回风口与风管底部平齐。当回风进入空气处理室时，回风分两部分循环使用：一部分与室外新风混合在处理室内进行处理；另一部分通过跨越连通管与处理室后部喷水后的空气混合，然后再送入室内。跨越连通管的设置便于依据回风质量和新风质量调节送风参数。

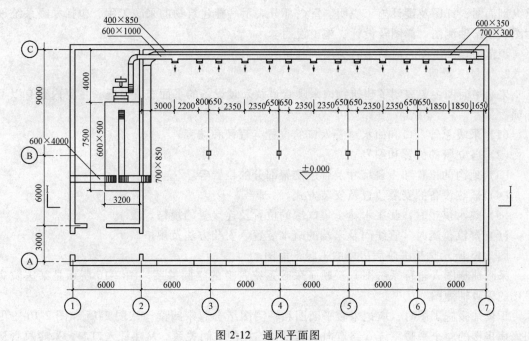

图 2-12　通风平面图

图 2-13　Ⅰ-Ⅰ剖面图

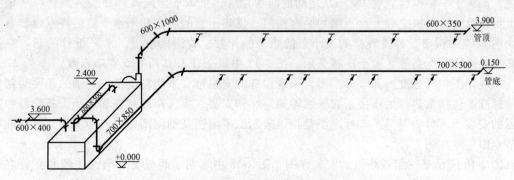

图 2-14　通风系统轴测图

第六节 采暖施工图实例

1. 采暖施工图的组成

寒冷地区为保持室内的生活和工作的温度，必须设置采暖设备。一般采暖施工图分为室外和室内两大部分，室外部分表示一个区域的采暖管网，包括总平面图、管道横剖面图、管道纵剖面图、详图及设计施工说明。室内部分表示一幢建筑物的采暖工程，包括采暖系统平面图、系统轴测图、详图及设计、施工说明。

识读采暖施工图时应熟悉有关图例和符号。

2. 采暖系统图

采暖平面图主要表明了建筑物内采暖管道及采暖设备的平面布置情况，主要内容有以下几项。

（1）采暖总管入口和回水总管入口的位置、管径和坡度。

（2）各立管的位置和编号。

（3）地沟的位置和主要尺寸及管道支架部分的位置等。

（4）散热设备的安装位置及安装方式。

（5）热水供暖时，膨胀水箱、集气罐的位置及连接管的规格。

（6）蒸汽供暖时，管线间及末端的疏水装置、安装方法及规格。

图 2-15 所示是某医院病房楼的采暖平面图。

采暖轴测图（也称系统图）反映了采暖系统管道的空间关系。图 2-16 所示是某医院病房楼的采暖轴测图。

识读采暖施工图时，应把采暖平面图和轴测图结合起来阅读。从图 2-15 和图 2-16 中可知该病房楼的整个采暖系统管路定向及其设备连接的空间关系。从热源入口起，采暖总管从楼房南面正中间地下标高 −0.950m 处进入室内，沿着 0.2% 的上升坡度，在走廊处折了一个弯通到北墙立起。上升到标高 +6.500m 处向左右接出水平供暖干管，沿墙通至南墙，分别到 L8、L9 立管止。在 L8、L9 立管上端供热干管的末端连接处，各装一集气罐，集气罐上装一放气罐引向二楼医护办公室。在水平干管上，根据各房间散热器的位置，分别向下引出立管 L1～L16 共 16 个，立管中的热水向一侧或两侧散热器供水。散热器的热水经支管又回到本立管向下一层的散热器，即供水和回水都是同一立管。这种连接形式称为单管垂直串联式。回水管的起点在立管 L1 和 L16 末端散热器的回水支管，由此回水管沿着 0.2% 的下降坡度，汇集于一层南墙立管 L8、L9 之间的回水总管，由地下伸向室外回到热源处。从轴测图上可以看到，每根立管上、下端均装有阀门，供热干管的起点和回水干管的终点也装有阀门。图 2-17 中标出了各段管径的大小，散热器的片数，管道的坡度，水平干管的起、终端标高和过地沟的标高等。由于图幅受限，图 2-17 中将立管 L10 和 L15 省略未画。

采暖详图包括标准图和非标准图。采暖设备的安装都要采用标准图，个别的还要绘制详图。标准图包括散热器的连接、膨胀水箱的制作和安装、集气罐的制作和连接、补偿器和疏水器的安装、入口装置等。非标准图是指供暖施工平面图及轴测图中表示不清而又无标准图的节点图、零件图。

图 2-18 所示是一组散热器的安装详图。图 2-18 中标明了暖气支管与散热器和立管之间的连接形式，散热器与地面、墙面之间的安装尺寸、结合方式及结合件本身的构造等。

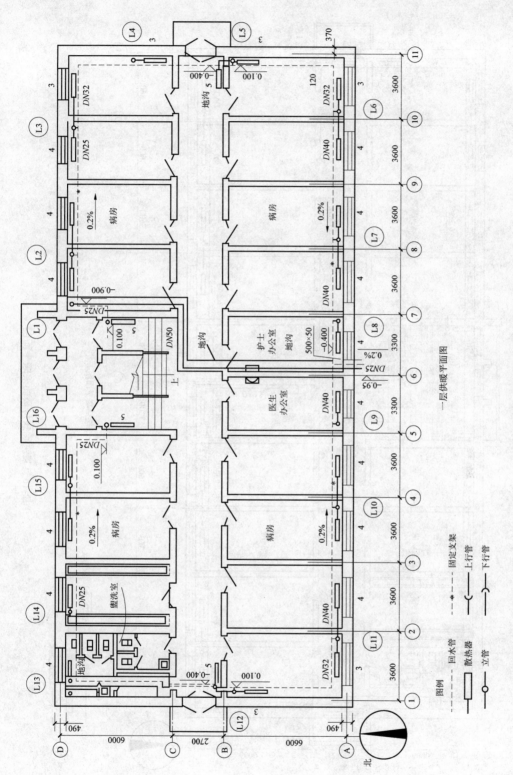

图 2-15 某医院病房楼的采暖平面图（一）

一层供暖平面图

图例

----- 回水管

□ 散热器

○ 立管

- · - · - 固定支架

⌐ 上行管

⌐ 下行管

北

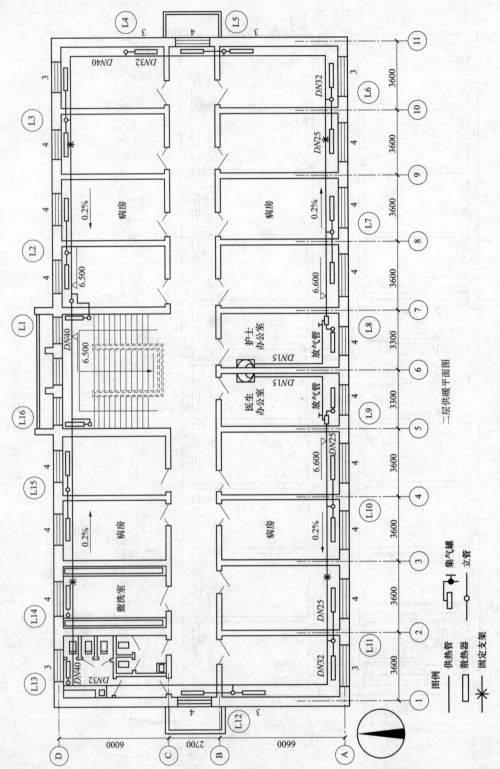

图2-16 某医院病房楼的采暖平面图（二）

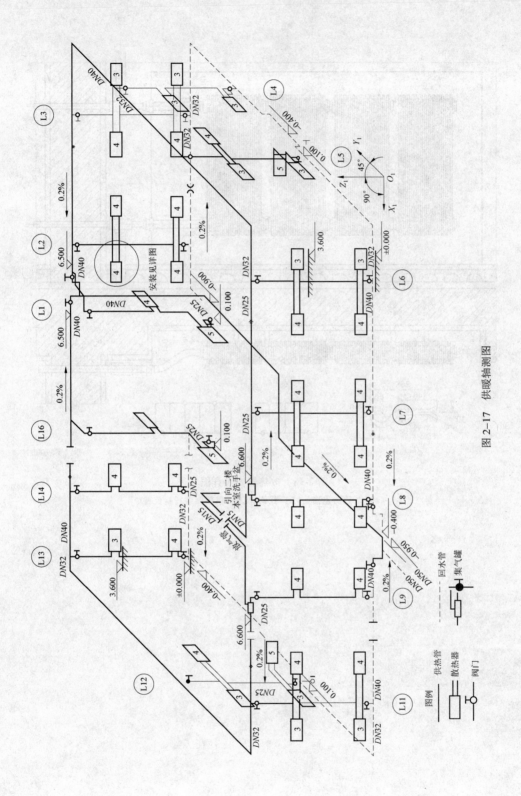

图 2-17 供暖轴测图

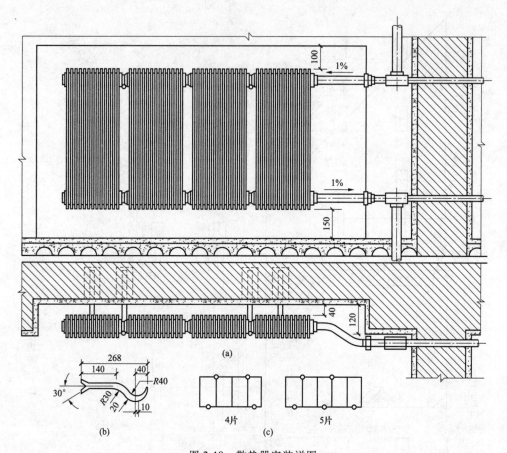

图 2-18 散热器安装详图

(a) 散热器连接；(b) 托钩；(c) 散热器组托钩位置

怎样看管道工程图

管道工程的范围十分广泛，特别是工业管道工程呈现出了多专业、多功能的复杂状况，如为工业生产服务的各种工艺管道，为动力的介质输送的动力管道，固态粉状原材料的输送和渣料的排放管道以及自控仪表管道等。它们又可以分为许多专业管道工程，如其中的动力管道，即可分为热力管道、煤气管道、空压管道、输氧管道、乙炔管道等。此外，冷冻站的专用管道、发电站的输水管道等也都是建筑工程中经常遇到的。

由于在实际工程中管道往往既多又长，画在图上常是线条纵横交错，数量繁多且密集，既不易表达清楚，又难以识读。为此，本章将依据各种管道的共同图示特点，专门介绍在各种管道施工图中常用的一些基本的表达和绘制方法。

第一节　管道的单线图和双线图

由于管子的截面尺寸比管子的长度尺寸小得多，所以在小比例尺的施工图中，往往把管子的壁厚和空心的管腔全部看成是一条线的投影。这种在图形中用单根线表示管子和管件的图样称为单线图。

在某些大比例尺的施工图中，若仍采用单线条表示管子和管件，则往往难以表达管道、管件与有关连接设备和相邻建筑构件的空间位置关系，为此，在图形中采用两根线条表示管子和管件的外形，其壁厚因相对尺寸较小而予以省略，这种仅表示管子和管件外轮廓线的投影图称为双线图。

在各种管道工程施工图中，平面图和系统图中的管道多采用单线图；剖面图和详图的管道均采用双线图。在通风工程施工图中，平面图的管道同剖面图和详图一样也采用双线图，而系统图的管道有时也采用双线图。相关表示方法如图 3-1 所示。

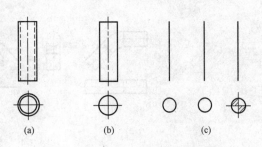

图 3-1　短管的表示法
（a）用投影图表示；（b）用双线图表示；
（c）用单线图表示

一、管子和管件的单、双线图

1. 管子的单、双线图

读者注意切勿把图 3-1 中空心圆管的双线图误认为实心圆柱体。图 3-1 中管子的单线图，根据投影原理，它的水平投影应积聚为一个小圆点，但为了便于识别，在圆点外加画了一个小圆。然而也有的施工图中仅画成一个小圆，小圆的圆心并不加点。从国外引进的施工图中，则表示积聚的小圆被十字线一分为四，其中有两个对角处，打上细斜线阴影。这三种单线图画法所表达的意义相同。本章的举例均以第一种方法为例。

33

2. 弯头的单、双线图

图 3-2 所示是一个 90°弯头的三面视图和双线图。在三视图里，按规定画出了全部管壁；在双线图里，不仅管壁的虚线未画，而且弯头投影所产生的虚线部分也可以省略不画。图 3-2 中这两种双线图的画法虽然在图形上有所不同，但意义相同。

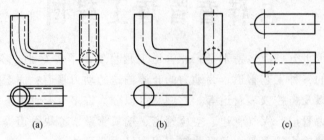

图 3-2 弯头的表示法

（a）三视图；（b）双线图；（c）两种画法意义相同

图 3-3（a）所示是弯头的单线图。在俯视图上先看到立管的断口，后看到横管。画图时，按管子的单线图的表示方法，立管断口的投影画成一个有圆心点的小圆，横管画到小圆边上。在侧视图上，先看到立管，横管的断口在背后看不到。画图时，横管应画成小圆，立管画到小圆的圆心。在单线图里，表示横管的小圆，也可以稍微断开来画，如图 3-3 所示。这两种画法意义相同。

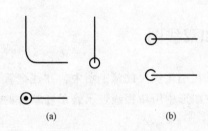

图 3-3 弯头的表示法

（a）单线图；（b）两种画法意义相同

图 3-4 所示为 45°弯头的单、双线图。45°弯头同 90°弯头的画法相似，但在画小圆时，90°弯头应画成整圆，而 45°弯头只画成半圆。空心的半圆和半圆上加一条细实线。这两种画法意义相同。

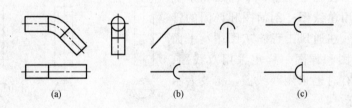

图 3-4 弯头的表示法

（a）双线图；（b）单线图；（c）两种画法意义相同

3. 三通的单、双线图

如图 3-5 所示，在单线图内，无论同径或异径，其立面图形式相同，其中右立面（右视）图的两种形式意义相同。

同径或异径斜三通在单线图内其立面图的表示形式也相同，如图 3-6 所示。

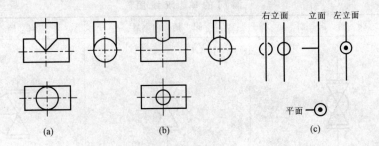

图 3-5　三通的表示法

（a）同径正三通双线图；（b）异径正三通双线图；（c）单线图

4. 四通的单、双线图

图 3-7 是同径四通的单、双线图。在同径四通的双线图中，其正视图的相贯线呈十字交叉线。在单线图中，同径四通和异径四通的表示形式相同，如图 3-7 所示。

图 3-6　三通的表示法

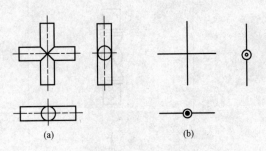

图 3-7　同径四通表示法

（a）双线图；（b）单线图

5. 大小头的单、双线图

同心大小头在单线图里，有的画成等腰梯形，有的画成等腰三角形，这两种表示形式意义相同，如图 3-8 所示。

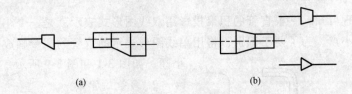

图 3-8　大小头表示法

（a）同心大小头；（b）偏心大小头

偏心大小头的单线图和双线图是用立面图形式表示的。若偏心大小头在平面图上的图样与同心大小头相同，则需要用文字注明"偏心"二字，以免混淆。

6. 阀门的单、双线图

在实际工程中阀门的种类很多，其图样的表现形式也较多，现仅选一种法兰连接的截止阀，它的立面图和平面图见表 3-1。

表 3-1　　　　　　　　　　　　　阀 门 的 单、双 线 图

	阀 柄 向 前	阀 柄 向 后	阀 柄 向 右
单线图			
双线图			

二、管子的积聚

1. 直管的积聚

根据投影原理可知，一根直管的积聚投影用双线图形式表示就是一个小圆，用单线图形式表示则为一个小点。为了便于识别，将用单线图形表示的直管的积聚画成一个圆心带点的小圆，如图 3-1 和图 3-9 所示。

2. 弯管的积聚

直管弯曲后就成了弯管，通过对弯管的分析可知，弯管是由直管和弯头两部分组成的，直管积聚后的投影是个小圆，与直管相连接的弯头在拐弯前的投影也积聚成小圆，并且同直管积聚成小圆的投影重合，如图 3-9 所示。

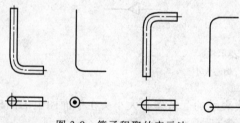

图 3-9　管子积聚的表示法

3. 管子与阀门的积聚

管子与阀门的积聚如图 3-10 所示。

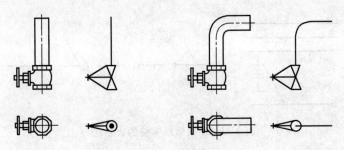

图 3-10　管子与阀门积聚的表示法

三、管子的重叠

1. 管子的重叠形式

图 3-11 所示是一组 Ⅱ 形管的单、双线图。在平面图上，由于几根横管重叠，看上去好像是一根弯管的投影。

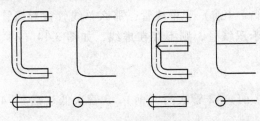

图 3-11　管子重叠的表示法

2. 两根管线的重叠表示法

为了识读方便，对重叠管线采用折断显露法表示。当投影中出现两根管线重叠时，假想前（上）面一根管子已经截去一段（用折断符号表示），这样便显露出后（下）面的另一根管子，用这样的方法就可以把两根或多根重叠管线显示清楚。

图 3-12（a）所示为两根直管的重叠。若此图是平面图，则表示断开的管线高于中间显露的管线；若此图是立面图，那么断开的管线则在中间显露的管线之前。

图 3-12（b）所示为弯管与直管重叠。若此图为平面图，则表示弯管高于直管；若此图为立面图，则表示弯管在直管之前。

图 3-12（c）所示为直管与弯管重叠。若此图为平面图，则表示直管高于弯管；若此图为立面图，则表示直管在弯管之前。

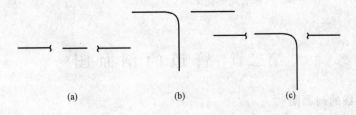

(a)　　　　　　　　　(b)　　　　　　　　　(c)

图 3-12　两根管线重叠的表示法
（a）两根直管重叠；（b）弯管和直管重叠；（c）直管和弯管重叠

3. 多根管线的重叠表示方法

通过对图 3-13 中平、立面图的分析可知，这是三根高低不同、平行排列的管线，自上而下编号为 1、2、3。如用折断显露法表示，即可看出 1 号管最高，2 号管次高，3 号管最低。

运用折断显露法画管线时，同一根管线的折断符号要互相对应，如图 3-13 所示。

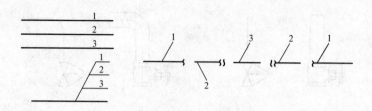

图 3-13　多根管线重叠的表示法

四、管子的交叉

1. 两根管线的交叉

两根交叉管线的投影相交，较高（前）的管线不论是以双线还是以单线表示，均完整显示。较低（后）的管线在单线图中要断开表示，在双线图中则用虚线表示，如图 3-14（a）、（b）所示。

在单、双线图同时存在的图中，如果双线管高（前）于单线管，那么单线管被双线管遮挡的部分用虚线表示；如果单线管高（前）于双线管，则不存在虚线，如图 3-14（c）、（d）所示。

2. 多根管线的交叉

在图 3-15 所示的四根管线中，1 管为最高（前），2 管次高（前），3 管次低（后），4 管为最低（后）。

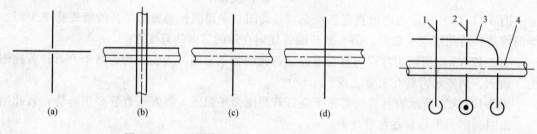

图 3-14　两根管线的交叉　　　　图 3-15　多根管线的交叉

第二节　管道的剖面图

一、单根管线的剖面图

1. 表示形式

单根管线的剖面图，并不是把管子本身沿管中心剖切开来而得到的图样，这种剖面图主要是利用剖切符号表示的，既可以表示剖切位置又能表示投影方向，它是用来表示管线在某一投影面上的投影的。在图 3-16 中，Ⅰ-Ⅰ剖面图反映的图样，从三视图投影角度来看就是主视图，而Ⅱ-Ⅱ剖面图则是左视图。但是，各剖面图的图形位置排列显得灵活，没有三视图那样严格。

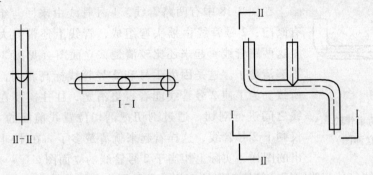

图 3-16　单根管线剖面图

2. 识图举例

图 3-17 所示是一组混合水淋浴器的配管图。在平面图中，可以看到管线好似一只摇头弯，管端装有淋浴喷头，在图形两侧标有两组剖切符号，表明了剖面图的剖切位置和投影方向。Ⅰ-Ⅰ剖面图实际上如同正立面图，Ⅱ-Ⅱ剖面图如同左立面图。

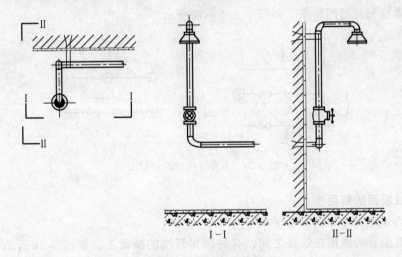

图 3-17　淋浴器配管图

二、管线间的剖面图

1. 表示形式

在两根或两根以上的管线之间，假想用剖切平面切开，然后把剖切平面前面的所有管线移走，对保留下来的管线进行投影，这样得到的投影图称为管线间的剖面图，如图 3-18 所示。

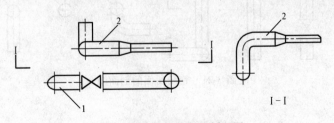

图 3-18　两根管线间的剖面图

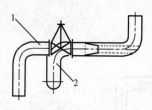

图 3-19 两根管线
投影图（立面图）

在图 3-18 中有两路管线，1 号管线由来回弯组成，管线上带有阀门；2 号管线由摇头弯组成，管线上还带有大小头。平面图上这两路管线看起来还比较清楚，立面图（见图 3-19）看起来就不够清楚了。这是因为 1 号和 2 号管线标高相同，管线投影重叠所致。为了使 2 号管线能看得更清楚，往往需要在 1 号和 2 号管线之间进行剖切。通过剖切把剖切位置线前面的 1 号管线移走，仅剩下 2 号管线，这样看起来就清楚多了。在 I-I 剖面上所反映出的图样，实际上相当于 2 号管线的立面图。

上面列举的仅是两路同标高管线剖切的实例。如果管线在三路以上，那么管线间剖切的优越性就会充分显示出来。

2. 识图举例

图 3-20 所示是由三路管线组成的平面图。倘若 1 号、2 号、3 号管线的标高分别为 2.800m、2.600m、2.800m，可以想象这三路管线的立面图由于 1 号和 3 号管线标高相同，必定很难辨认。如果在 1 号和 2 号管线之间予以剖切，那么剖面图就可以清楚地反映出 2 号和 3 号管线垂直部分的图样来，如图中 A-A 剖面所示。

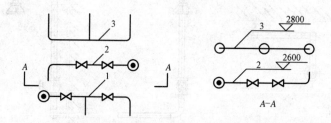

图 3-20 多管管线间的剖面图

三、管线断面的剖面图

1. 表示形式

管道剖面图有的剖切在管线之间，有的剖在管线的断面上。如图 3-21 所示，在一组三路同标高管线组成的平面图里，在垂直管子轴线的断面上进行剖切，由于三路管线是同一标高，所以画剖面图时，这三路管线画在同一轴线上，三路管线的间距应与平面图上的相同，三路管线的排列编号也同平面图上原来的排列编号相对应。

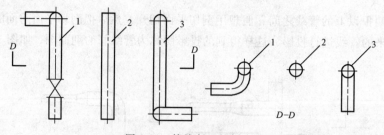

图 3-21 管线断面的剖面图

2. 识图举例

图 3-22 所示是一组由两台立式冷却器和四路管线组成的配管平面图。图 3-22 中标注着

三组剖切符号Ⅰ-Ⅰ、Ⅱ-Ⅱ、Ⅲ-Ⅲ。画剖面图时，各管线水平方向之间的长短及其间距应根据平面图来画，管线垂直部分的长短可以自定。

在Ⅰ-Ⅰ剖面图上所看到的这个装置的正立面图201和202这两台冷却器显示完整。由于1号管线在剖切线之前，因此图样上不画。2号管线在这个剖面中反映得最清楚，右上角有个圆心带点的小圆，它是2号管线在剖切位置线上切口断面的投影。3号管线和4号管线有一部分被冷却器所遮挡而看不见，因此用虚线表示，3号管线上有个圆心带点的小圆，它是3号管线在剖切位置线上的切口断面的投影，如图3-23所示。

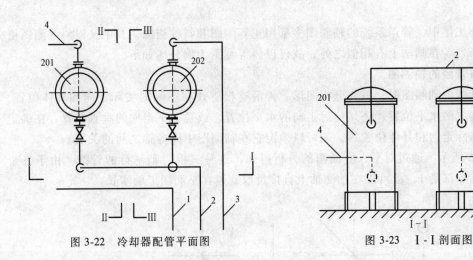

图3-22　冷却器配管平面图　　　　　　　　图3-23　Ⅰ-Ⅰ剖面图

在Ⅱ-Ⅱ剖面图上，左上角并排着两个圆心有点的小圆，左边的一个小圆是1号管线，右边一个小圆是2号管线，它下面有一弯管与冷却器201相连，由于3号管在剖切线之外，故未画出。4号管线看到的是一路摇头弯，从201设备的接管处往右，一只弯头向上，另一只弯头背对读者朝里，如图3-24所示。

在Ⅲ-Ⅲ剖面上，右上角并排两个圆心有点的小圆，分别是1号和2号管线的断口，其右是同一标高的1号和2号管线相重合的管段。2号管线下有弯管与冷却器202相连，3号管显示得比较完整，从202设备的接管处往左，一只弯头向上，另一只弯头背对读者方向朝里，然后再右拐弯，虚线部分是被冷却器遮挡所致的，如图3-25所示。

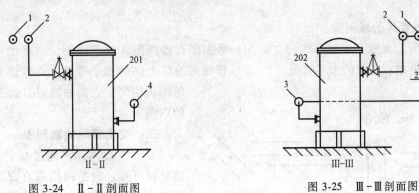

图3-24　Ⅱ-Ⅱ剖面图　　　　　　　　图3-25　Ⅲ-Ⅲ剖面图

可见，管道剖面图的投影原理同三视图一样。由于剖切符号大都显示在平面图上，因此，管道剖面图实际就是用剖切方法，把管线立面图进行有目的的删选，删选后的图样仍然是立面图。因此，管道剖面图的读图方法首先是根据平面图上的剖切符号确定剖视方向，方向确定后，其他部分都同管道立面图的看图方法相同。剖面图在管道施工图中属于较常见的一种图样。当一组比较复杂的管线仅仅依靠平、立面图仍不能表达清楚时，就必须借助几个方向的剖面图来解决。

第三节　管道的轴测图

在管道施工图中，管道系统的轴测图多采用正等测图和斜等测图，其中又以斜等测图更为常用，由于二者在画法上有相似之处，故仅以斜等测图为例分述如下。

一、单根管线的轴测图

画单根管线的轴测图时，首先分析图形，弄清这根管线在空间的实际走向和具体位置，究竟是左右走向的水平位置，还是前后走向的水平位置，或是上下走向的垂直位置。在确定这根管线的实际走向和具体位置后，就可以确定它在轴测图中同各轴之间的关系。

如图 3-26 所示，通过对平、立面图的分析可知，这是三根与轴平行的管线，由于三个轴的轴向伸缩率都是 1，故可以在轴测轴上直接量取管道在平面图上的实长。

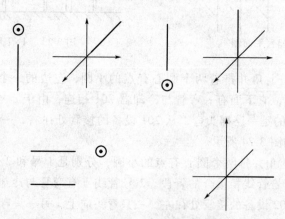

图 3-26　单根管线轴测图

二、多根管线的轴测图

图 3-27 所示表示了多根管线的立面图、平面图和轴测图。由平面图、立面图可知，1、2、3 号管线是左右走向的水平管线，4、5 号管线是前后走向的水平管线，而且这五根管线的标高相同，它们的轴测图如图 3-27 中的右图所示。

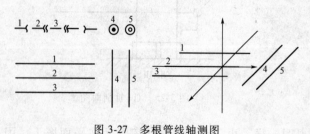

图 3-27　多根管线轴测图

三、交叉管线的轴测图

如图 3-28 所示，通过对平、立面图的分析可知，它是四根垂直交叉的水平管线。在轴测图中，高的或前面的管线应显示完整，低的或在后的管线应用断开的形式表达，使图形富于立体感。

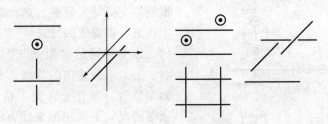

图 3-28　交叉管线的轴测图

四、画法举例

已知平面图、立面图，画轴测图，一般可按以下步骤进行。

（1）图形分析。依据平、立面图分析管线的组成、空间排列、走向及转折方向。

（2）画轴测轴。画出斜等测的轴测轴，定出三个轴和六个方向。

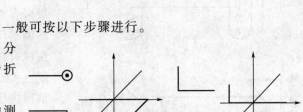

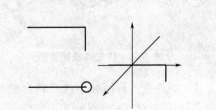

（3）量取实长。沿轴向及轴向平行线方向量取每段管线在投影图（平、立面图）上的实长。

（4）连线加深。擦去多余的线，依次连接所量取的各线段并加深即可。

1）弯管。弯管轴测图如图 3-29 所示。

2）摇头弯。摇头弯轴测图如图 3-30 所示。

图 3-29　弯管轴测图

3）装有法兰阀门的管段。带阀门管道的轴测图如图 3-31 所示。

图 3-31 中的法兰阀门应画在相应的投影位置上，因为横管 3 在立管 1 前面，又高于立管 1，所以立管 1 断开。

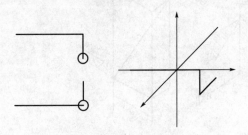

图 3-30　摇头弯轴测图

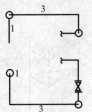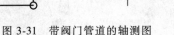

图 3-31　带阀门管道的轴测图

4）热交换器配管的轴测图。画管道与设备连接的轴测图时，不论是正等测或是斜等测，一般情况下设备只需要示意性地画出外形轮廓。如管线较多，则可以不画设备，仅画出设备的管接口即可。具体画每段管线时，应以设备的管接口为起点，把每一小段管线逐段依次朝

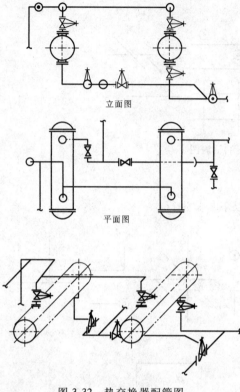

立面图

平面图

图 3-32　热交换器配管图

外画出，然后再连接成整体，如图 3-32 所示，根据热交换器配管平、立面图绘出了轴测图。

五、偏置管的画法

以上所讲的仅限于正方位（前、后、左、右、上、下）走向的管线，对于非正方位走向的偏置管，如管子转变不是 90°、三通是斜三通等情况就不能用原来的方法表示。对偏置管来说，不论是垂直的还是水平的，对于非 45°角的偏置管都要标出两个偏移尺寸，而角度一般可省略不标。如图 3-33 所示，管线右侧所标的偏移尺寸分别为 200mm 及 100mm，而具体角度没有标出；对于 45°的偏置管，只要标出角度（45°）和一个偏移尺寸（180mm）即可。值得提出的是，这里所说的偏移尺寸均指沿正方位量取的尺寸，亦即轴向方向的尺寸。因此，画图时只要在轴测轴的方向上量取相应的偏移尺寸，即可画出偏置管的轴测图，如图 3-33（a）所示。

偏置管的另一种表示方法是在管子转弯或分支的地方作出管线正方位走向的平行线，并打上 45°细斜线，再用数字注明转弯或分支的角度，突出表明这根管线的走向不是正方位的走向，如图 3-33（b）所示。

对于竖向的偏置管，由于它与三个坐标轴都不平行，因此应通过添加辅助线的方法找出它与坐标轴的关系，画出三个坐标轴组成的六面体后，再根据管线的实际走向确定首尾两端点的坐标，连接坐标点即为立体偏置管，如图 3-33（c）所示。

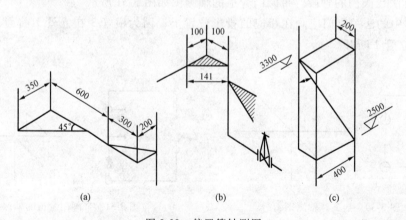

(a)　　　　　　　　(b)　　　　　　　　(c)

图 3-33　偏置管轴测图

怎样看供暖施工图

第一节 供暖系统及其分类

当温度较低时，为使室内保持所需要的温度，就必须向室内供给相应的热量。这种向室内供给热量的工程设备，叫作供暖系统。

供暖系统主要由三部分组成，即热源、输热管道、散热设备。

如热源和散热设备都在同一个房间内，则称为"局部供暖系统"。这类供暖系统包括火炉供热、煤气供暖及电热供暖。如热源远离供暖房间，利用一个热源产生的热量去弥补很多房间散出去的热量，则称为集中供暖系统（见图4-1）。

在集中供暖系统中，把热量从热源输送到散热器的物质叫热媒。按所用的热媒不同，集中供暖系统分为三类：热水供暖系统、蒸汽供暖系统以及热风供暖系统。

图 4-1 集中供暖系统示意图

一、热水供暖系统

在热水供暖系统中，热媒是水。热源中的水经输热管道流到供暖房间的散热器中，放出热量后经管道流回热源。系统中的水如果是靠水泵来循环的，则称为机械循环热水供暖系统；当系统不大时，也可以不用水泵而仅靠供水与回水的容重差所形成的压头使水进行循环，称为自然循环热水供暖系统。

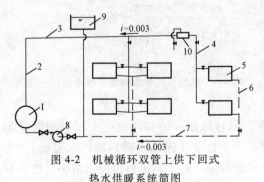

图 4-2 机械循环双管上供下回式
热水供暖系统简图

1—锅炉；2—总立管；3—供水干管；4—供水立管；
5—散热器；6—回水立管；7—回水干管；
8—水泵；9—膨胀水箱；10—集气罐

1. 机械循环热水供暖系统

这种系统在热水供暖系统中得到广泛的应用。它由锅炉、输热管道、水泵、散热器以及膨胀水箱等组成。图4-2所示是机械循环热水供暖系统简图。在这种系统中，主要依靠水泵所产生的压头促使水在系统内循环。水在锅炉中被加热后，沿总立管、供水干管、供水立管流入散热器，放热后沿回水立管、回水干管，被水泵送回锅炉。

在机械循环热水供暖系统中，为了顺利地排除系统中的空气，供水干管应按水流方向有向上的坡度，并在供水干管的最高点设置集气罐。

在这种系统中，水泵装在回水干管上，并将膨胀水箱连在水泵吸入端。膨胀水箱位于系统最高点，它的作用主要是容纳水受热后所膨胀的体积。当将膨胀水箱连在水泵吸入端时，它可以使整个系统处于正压（高于大气压）下工作，这就保证了系统中的水不致汽化，从而避免了因水汽化而中断水的循环。

机械循环热水供暖系统，按供水干管位置的不同，可分为上供下回式和下供下回式系统；按立管与散热器连接形式的不同，可分为双管式及单管式系统。单管式系统又可以分为垂直单管式与水平单管式系统。

双管系统的特点是和散热器相连的立管为两根，热水平行地分配给所有散热器，从散热器流出的回水均直接回到锅炉。

在图4-2所示的双管上供下回式热水供暖系统中，水在系统内循环，除主要依靠水泵所产生的压头外，同时也存在着自然压头，它使流过上层散热器的热水量多于实际需要量，并使流过下层散热器的热水量少于实际需要量，从而造成上层房间温度偏高，下层房间温度偏低的现象。楼层越高，这种现象就越严重。由于上述原因，双管系统不宜在四层以上的建筑物中采用。

图4-3所示是机械循环双管下供下回式热水供暖系统示意图。在这种系统中，供水干管及回水干管均位于系统下部。为了排除系统中的空气，在系统的上部装设了空气管，通过集气罐将空气排除。

图4-4所示是机械循环单管热水供暖系统示意图。图4-4左侧是单管顺流式系统，图4-4右侧是单管跨越式系统。单管式系统的特点是和散热器相连的立管只有一根，来自锅炉的热水顺序地流经多层散热器，然后返回到锅炉中去。

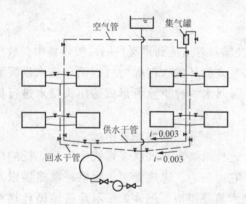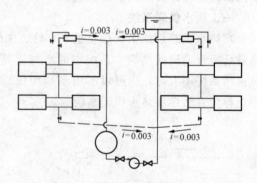

图4-3 机械循环双管下供下回式热水供暖系统示意图   图4-4 机械循环单管热水供暖系统示意图

单管系统的优点是节省立管、安装方便，不会因自然压头的存在而有上层房间温度偏高、下层房间温度偏低的现象；其缺点是下层散热器片数多（因进入散热器的水温低），占地面积大，单管顺流式系统无法调节个别散热器的放热量。对于不需要单独调节个别散热器放热量的公共建筑物，如学校、办公楼及集体宿舍等，宜采用这种系统。

图4-5所示是水平单管式热水供暖系统示意图。其上层为水平单管顺流式系统，下层为水平单管跨越式系统。

水平单管式系统的优点是安装简单，少穿楼板，并且可以随房屋的建造进度逐层安装供暖系统。缺点是在间歇供暖时，管道与散热器接头处有时因热胀冷缩作用而使丝扣接头损坏以致于漏水，且必须在每组散热器上装放气旋塞。另外，对于水平单管顺流式系统，还有无法调节个别散热器放热量的缺点。

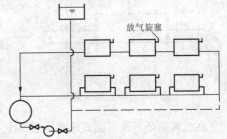

图 4-5　水平单管式热水供暖系统示意图

2. 自然循环热水供暖系统

图 4-6 所示是自然循环双管上供下回式热水供暖系统示意图。在这种系统中不设水泵，仅依靠热水散热冷却所产生的自然压头促使水在系统内循环。

在自然循环热水供暖系统中，膨胀水箱连接在总立管顶端，它不仅能容纳水受热后膨胀的体积，而且还有排除系统内空气的作用。在自然循环热水供暖系统中，水流速度很小，为了能顺利地通过膨胀水箱排除系统内的空气，供水干管沿水流方向应有向下的坡度。

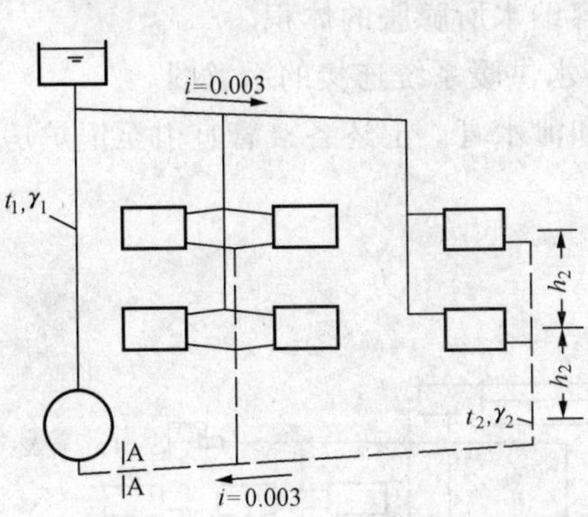

这种系统由于自然压头很小，因而其作用半径（总立管到最远立管沿供水干管走向的水平距离）不宜超过 50m，否则，系统的管径就会过大。

自然循环热水供暖系统与机械循环热水供暖系统一样，也有双管、单管、上供下回、下供下回等形式。

与机械循环热水供暖系统相比，这种系统的作用半径小、管径大，由于不设水泵，因此工作时不消耗电能、无噪声，而且维护管理也较为简单。

图 4-6　自然循环双管上供下回
式热水供暖系统示意图

综上所述，只有当建筑物占地面积较小，且有可能在地下室、半地下室或就近较低处设置锅炉时，才能采用自然循环热水供暖系统。

3. 有关热水供暖系统的几个问题

（1）从系统中排除空气的问题。在热水供暖系统中，如果有空气积存在散热器中，将会减少散热器的有效散热面积；如果空气积聚在管道中，就可能形成空气塞，堵塞管道，破坏水的循环，导致局部系统不热。此外，空气与钢管内表面相接触将引起腐蚀，缩短管道寿命。

在热水供暖系统中，之所以会有空气，一是因为在充水前系统中充满空气；二是因为冷水中也溶有部分空气，运行时将水加热后，这部分空气将不断地从水中析出。

为了保证热水供暖系统能正常工作，必须及时地、方便地排除系统中的空气。

在机械循环上供下回式热水供暖系统中，由于供水干管沿水流方向有向上的坡度，因此在供水干管的末端，也就是最高点设置集气罐，以聚集和排出系统中的空气，如图 4-2 及图 4-4 所示。

集气罐有卧式（见图 4-7）及立式两种。集气罐一般用直径为 159～267mm 的管子制成。水流经集气罐时，流速降低，水中的气泡便自行浮出水面而聚集在集气罐的上部。用集

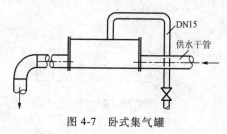

DN15

供水干管

图 4-7 卧式集气罐

气罐上部的排气管将空气排出，排气管应引至附近的洗涤盆上。在供暖系统充水时，应将排气管上的阀门打开，直到有水从管中流出为止。在系统运转期间要定期打开阀门，以便将从热水中析出的空气排入大气。集气罐安装地点要尽可能与三通、弯头等构件保持 5～6 倍管径的距离，以免三通、弯头等管件影响气泡的排除。

在机械循环下供下回式热水供暖系统中，利用空气管和集气罐排除系统中的空气，如图 4-3 所示。

在水平单管式热水供暖系统中，利用装在每组散热器上的放气旋塞排出空气，如图 4-5 所示。

（2）在系统中水受热膨胀的问题。热水供暖系统在运转时，要将系统中的水加热，因而水的体积就要膨胀。在热水供暖系统中用膨胀水箱来容纳水所膨胀的体积。

图 4-8 和 4-9 所示分别为膨胀水箱和它与机械循环热水供暖系统连接的示意图。

膨胀水箱上接有检查管、膨胀管、循环管、溢流管和泄水管。上述各接管宜引至锅炉房内，以便于系统的运行管理。

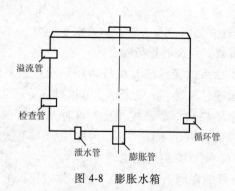

溢流管

检查管

泄水管   膨胀管   循环管

图 4-8 膨胀水箱

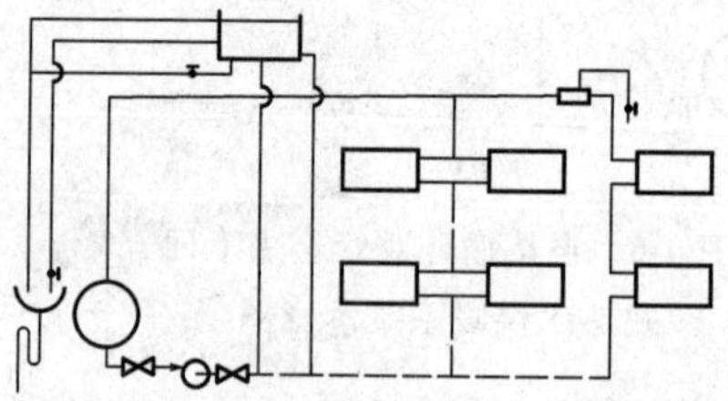

图 4-9 膨胀水箱与机械循环热水供暖系统连接

这些接管的用途如下：在供暖系统运转前，首先要将系统充水。充水时应打开检查管上的阀门。当水从检查管流出时，说明整个系统的静水面已超过系统管路的最高点，这时停止充水并关闭检查管上的阀门。然后将系统中的水加热，水受热体积膨胀，使膨胀水箱内水面上升。为了防止膨胀水箱内的水冻结，设置了循环管，使水在膨胀管与循环管组成的小环路内流动。溢流管的作用是将多余的水排至下水道。泄水管的作用是检修时将水箱内的水放掉。

膨胀水箱的有效容积是指检查管与溢流管之间的容积，它由整个系统内的水容量及水的温升来确定。

二、蒸汽供暖系统

在蒸汽供暖系统中，热媒是蒸汽。蒸汽含有的热量由两部分组成：一部分是水在沸腾时含有的热量；另一部分是从沸腾的水变为饱和蒸汽的汽化潜热。在这两部分热量中，后者远大于前者（在一个绝对大气压下，两部分热量分别为 418.68kJ/kg 及 2260.87kJ/kg）。在蒸汽供暖系统中利用的是蒸汽的汽化潜热。蒸汽进入散热器后，充满散热器，通过散热器将热量散发到房间内，与此同时，蒸汽冷凝成同温度的凝结水。

蒸汽供暖系统按系统起始压力的大小可分为高压蒸汽供暖系统（系统起始压力大于 1.7 个绝对大气压）、低压蒸汽供暖系统（系统起始压力等于或低于 1.7 个绝对大气压）和真空蒸汽供暖系统（系统起始压力小于一个绝对大气压）。

按蒸汽供暖系统管路布置形式的不同又可分为上供下回式、下供下回式系统，以及双管式和单管式系统。

1. 低压蒸汽供暖系统

在低压蒸汽供暖系统中，得到广泛应用的是用机械回水的双管上供下回式系统。图 4-10 所示是这种系统的示意图。锅炉产生的蒸汽经蒸汽总立管、蒸汽干管、蒸汽立管进入散热器，放热后，凝结水沿凝水立管、凝水干管流入凝结水箱，然后用水泵将凝结水送入锅炉。

在每一组散热器后都装有疏水阀，以阻止蒸汽进入凝水管。疏水阀的形式有很多，在低压蒸汽供暖系统中，最常用的是恒温式疏水阀，如图 4-11 所示。这种疏水阀的波形囊中盛有少量酒精，当蒸汽通过疏水阀时，酒精受热蒸发，体积膨胀，波形囊伸长。连在波形囊上的顶针堵住小孔，使蒸汽不能流入凝水管。当凝结水或空气流入疏水阀时，由于温度低，致使波形囊收缩，小孔打开，凝结水或空气通过小孔流入凝结水管。

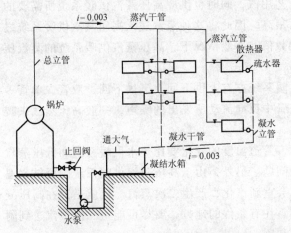
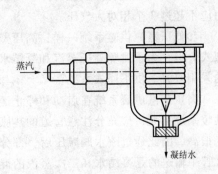

图 4-10　机械回水双管上供下回式蒸汽供暖系统示意图　　　　图 4-11　恒温式疏水阀

由于蒸汽沿管道流动时向管外散失热量，因此会有一部分蒸汽凝结成水，叫作沿途凝水。为了排除这些沿途凝水，在管道内最好使凝结水与蒸汽同向流动，亦即蒸汽干管应沿蒸汽流动方向有向下的坡度。在一般情况下，沿途凝水经由蒸汽立管进入散热器，然后排入凝水管。必要时，在蒸汽干管上可以设置专门排除沿途凝水的排水管。

能顺利地排除系统中的空气是保证系统正常工作的重要条件。在系统开始运行时蒸汽把积存于管道中和散热器中的空气赶至凝水管，然后经凝结水箱排入大气。如空气不能及时排入大气，则空气便会堵在管道和散热器中，从而影响蒸汽供暖系统的放热量。当系统停止工作时，空气便通过凝结水箱、凝水干管而充满管路系统。

在水泵停止工作时，为了使锅炉内的水不致流回凝结水箱，在水泵和锅炉相连接的管道上设有止回阀。

凝结水箱的有效容积应能容纳凝结 $0.5 \sim 1.5\mathrm{h}$ 的凝结水量，水泵应能在少于 $30\mathrm{min}$ 的时间内将这些凝结水送回锅炉。

在水泵工作时，为了避免水泵吸入口处压力过低而使凝结水汽化，凝结水箱的位置应高于水泵。凝结水箱的底面高于水泵的数值，取决于箱内凝结水的温度。当凝结水温度在70℃以下时，水泵低于凝结水箱底面0.5m即可。

在蒸汽供暖系统中，要尽可能地减少"水击"现象。产生"水击"现象的原因是蒸汽管道的沿途凝水被高速运动的蒸汽推动而产生浪花或水塞，在弯头、阀门等处，浪花或水塞与管件相撞，就会产生振动及巨响，也就是"水击"现象。减少"水击"现象的方法是及时排除沿途凝水，适当降低管道中蒸汽的流速，尽量使蒸汽管中的凝结水与蒸汽同向流动。

在蒸汽供暖系统中，不论是什么形式的系统，都应保证系统中的空气能及时排除，凝结水能顺利地送回锅炉，防止蒸汽大量逸入凝结水管以及尽量避免"水击"现象。

2. 高压蒸汽供暖系统

由于高压蒸汽的压力及温度均较高，因此在热负荷相同的情况下，高压蒸汽供暖系统的管径和散热器片数都小于低压蒸汽供暖系统。这就显示出了高压蒸汽供暖系统有较好的经济性。高压蒸汽供暖系统的缺点是卫生条件差，并且容易烫伤人。因此，这种系统一般只在工业厂房中应用。

工业企业的锅炉房，往往既供应生产工艺用汽，同时也供应高压蒸汽供暖系统所需要的蒸汽。由这种锅炉房送出的蒸汽，压力常常很高，因此将这种蒸汽送入高压蒸汽供暖系统之前，要用减压装置将蒸汽压力降至所要求的数值。一般情况下，高压蒸汽供暖系统的蒸汽压力应不超过3个相对大气压。

和低压蒸汽供暖系统一样，高压蒸汽供暖系统亦有上供下回、下供下回、双管、单管等型式。但是为了避免高压蒸汽和凝结水在立管中反向流动所发出的噪声，一般高压蒸汽供暖均采用双管上供下回式系统。

高压蒸汽供暖系统在启动和停止运行时，管道温度的变化要比热水供暖系统和低压蒸汽供暖系统都大，应充分注意管道的热胀冷缩问题。另外，由于高压蒸汽供暖系统的凝结水温度很高，因此通过疏水阀减压后，部分凝水会重新汽化，产生二次蒸汽。也就是说在高压凝水管中输送的是凝结水和二次蒸汽的混合物。在有条件的地方，要尽可能将二次蒸汽送到附近低压蒸汽供暖系统或热水供应系统中综合利用。

3. 蒸汽供暖与热水供暖的比较

蒸汽供暖和热水供暖各有其适用的场所及优缺点，现分述如下。

（1）在一般热水供暖系统中，供水温度为95℃，回水温度为70℃，散热器内热媒的平均温度为82.5℃，而在低压及高压蒸汽供暖系统中，散热器内热媒的温度等于或高于100℃，并且蒸汽供暖系统散热器的传热系数亦比热水供暖系统散热器高。这就使蒸汽供暖系统所用散热器的片数比热水供暖系统少（约少30%）。在管路造价方面，蒸汽供暖系统也比热水供暖系统要少。因此，蒸汽供暖系统的初投资少于热水供暖系统。

（2）由于蒸汽供暖系统系间歇工作，管道内时而充满蒸汽，时而充满空气，管道内壁的氧化腐蚀要比热水供暖系统快。因而蒸汽供暖系统的使用年限要比热水供暖系统短，特别是凝结水管更易损坏。

（3）在蒸汽供暖系统中，蒸汽的容重很小，所以当蒸汽充满系统时，由本身重力所产生的静压力也很小。热水的容重远大于蒸汽的容重，当热水供暖系统高到30～40m时，最底层的铸铁散热器就有被压破的危险。因此在高层建筑中采用热水供暖系统时，就要将供暖系统在垂直方向分成几个互不相通的热水供暖系统。

（4）在真空蒸汽供暖系统中，蒸汽的饱和温度低于100℃。蒸汽的压力越低，则蒸汽的饱和温度也越低。在这种系统中，散热器表面温度能满足卫生要求，且能用调节蒸汽饱和压力的方法来调节散热器的散热量。但由于系统中的压力低于大气压力，稍有缝隙空气就会漏入，从而破坏系统的正常工作，因此要求系统的严密度很高，并需要抽气设备和保持真空的专门自控设备。这就使得真空蒸汽供暖系统的应用并不广泛。

（5）一般蒸汽供暖系统不能调节蒸汽温度。当室外温度高于供暖室外计算温度时，蒸汽供暖系统必须运行一段时间后，停止一段时间，即采用间歇调节。间歇调节会使房间温度上下波动，从卫生角度来看，室内温度波动过大是不合适的。

（6）蒸汽供暖系统的热惰性很小，即系统的加热和冷却过程都很快。对于人数骤多骤少或不经常有人停留而要求迅速加热的建筑物，如工业车间、会议厅、剧院等是比较合适的。

（7）在热水供暖系统中，散热器表面温度较低，从卫生角度看，采用热水供暖系统为佳。在低压蒸汽供暖系统中，散热器表面温度始终在100℃左右，有机灰尘剧烈升华，对卫生产生不利影响。因此，对卫生要求较高的建筑物，如住宅、学校、医院、幼儿园等宜采用热水供暖系统。

（8）在蒸汽供暖系统中，由于疏水阀不好用，致使有大量蒸汽通过疏水阀流入凝结水管，最后经凝结水箱排入大气。这种情况对热能的有效利用极为不利。

三、热风供暖系统

热风供暖系统以空气作为热媒。在热风供暖系统中，首先将空气加热，然后将高于室温的空气送入室内，热空气在室内降低温度，放出热量，从而达到供暖的目的。

可以用蒸汽、热水或烟气来加热空气。利用蒸汽或热水通过金属壁传热而将空气加热的设备叫作空气加热器；利用烟气来加热空气的设备叫作热风炉。

在既需通风换气又需供暖的建筑物内，常常用一个送出较高温度空气的通风系统来完成上述两项任务。

在产生有害物质很少的工业厂房中，广泛地应用暖风机进行供暖。暖风机是由通风机、电动机以及空气加热器组合而成的供暖机组。暖风机直接装在厂房内。

图4-12所示是NA型暖风机外形图。这种暖风机可以吊装在柱子上，也可以装在埋于墙内的支架上。图4-13所示是NBL型暖风机外形图。这种暖风机直接放在地面上。

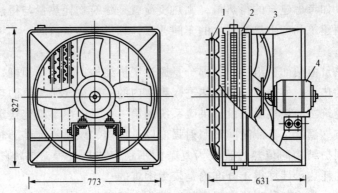

图4-12　NA型暖风机外形图

1—导向板；2—空气加热器；3—轴流风机；4—电动机

暖风机送风口的高度约在 2.2～3.5m。

在工业厂房中暖风机的布置方案有很多。图 4-14 所示是工业厂房中常见的布置方案。

热风供暖系统与蒸汽或热水供暖系统相比，有以下优缺点。

（1）热风供暖系统热惰性小，能迅速提高室温。对于人们短时间逗留的场所如体育馆、戏院等较为适宜。

（2）大面积的工业厂房，冬季需要补充大量热量，因此往往采用暖风机或采用与送风系统相结合的热风供暖方式。与此同时，尚应采用少量散热器，在下班后及节、假日期间维持车间温度为+5℃。

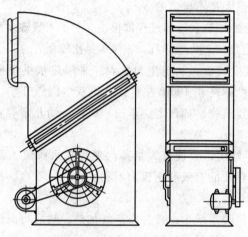

图 4-13　NBL 型暖风机外形图

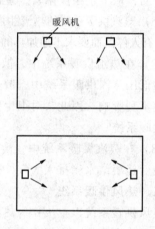

图 4-14　暖风机布置方案

（3）热风供暖系统可以同时兼具通风换气作用。

（4）热风供暖系统噪声比较大。

第二节　热 负 荷

在设计供暖系统之前，必须确定供暖系统的热负荷，即供暖系统应当向建筑物供给的热量。在不考虑建筑得热量的情况下，这个热量等于在寒冷季节内把室温维持在一定数值时，建筑物的耗热量。如考虑建筑的得热量，则热负荷就是建筑物耗热量与得热量之差值。

对于一般民用建筑和产生热量很少的车间，在计算供暖热负荷时，不考虑得热量而仅计算建筑物的耗热量。

建筑物的耗热量由两部分组成：一部分是通过围护结构，即墙、顶棚、地面、门和窗等由室内传到室外的热量；另一部分是加热进入到室内的室外空气所需要的热量。

正确计算出建筑物的耗热量是设计供暖系统的第一步。但由于确定建筑物耗热量值的某些因素，如室外空气温度、日照时间和照射强度以及风向、风速等都是随时间而变化的，这就使得经过建筑围护结构的传热过程成为复杂的不稳定传热过程，热流随时都在变化，因此，要把建筑物的耗热量计算得十分准确是较为困难的。

在工程计算上，常将各种不稳定因素加以简化，而用稳定传热过程的公式计算建筑物的耗热量。

第三节 集中供暖系统的散热器

散热器是安装在供暖房间里的一种放热设备，它把热媒（热水或蒸汽）的部分热量传给室内空气，用以补偿建筑物的热损失，从而使室内维持所需要的温度，达到供暖的目的。

热水或蒸汽从散热器内流过，使散热器内部的温度高于室内空气温度，因此热水或蒸汽的热量便通过散热器以对流和辐射两种方式不断地传给室内空气。

为了维持室内所需要的温度，应使散热器每小时放出的热量等于供暖热负荷。

一、常见散热器的类型

散热器用铸铁或钢制成。近年来我国常用的几种散热器是柱形散热器、翼形散热器以及光管散热器、钢串片对流散热器等。现对几种散热器分述如下。

1. 柱形散热器

柱形散热器由铸铁制成。它又分为四柱、五柱及二柱三种。图4-15所示是四柱800型散热片简图。有些集中供暖系统的散热器就是由这种散热片组合而成的。四柱800型散热片高800mm，宽164mm，长57mm。它有四个中空的立柱，柱的上、下端全部互相连通。在散热片顶部和底部各有一对带丝扣的穿孔供热媒进出，并且可以借正、反螺丝把单个散热片组合起来。在散热片的中间有两根横向连通管，以增加结构强度，并使散热器表面温度比较均匀。

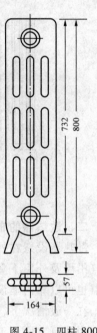

图 4-15 四柱 800
型散热片

这种散热器在落地布置的情况下，为使其放置平稳，两端的散热片必须是带足的。当组装片数较多时，在散热器中部还应多用一个带足的散热片，以避免因散热器过长而产生中部下垂的现象。

我国现在生产的四柱和五柱散热片，有高度为700mm、760mm、800mm及813mm四种尺寸。

图4-16所示为二柱132型铸铁散热片简图。这种散热片两柱之间有波浪形的纵向肋片，用以增加散热面积。在制造工艺方面，它在柱形散热片中是比较简单的。

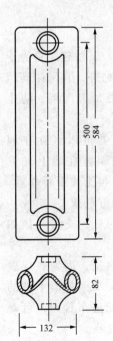

图 4-16 二柱 132
型铸铁散热片

2. 翼形散热器

翼形散热器由铸铁制成，分为长翼形和圆翼形两种。

长翼形散热器（见图4-17）是一个在外壳上带有翼片的中空壳体。在壳体侧面的上、下端各有一个带丝扣的穿孔，供热媒进出，并可以借正反螺丝把单个散热器组合起来。

这种散热器有两种规格，由于其高度为600mm，所以习惯上称这种散热器为"大60"及"小60"。"大60"的长度为280mm，带有14个翼片；"小60"的长度为200mm，带有10个翼片。除此之外，其他尺寸完全相同。

3. 钢串片对流散热器

钢串片对流散热器是在用联箱连通的两根（或两根以上）钢管上串上许多长方形薄钢片而制成的，如图 4-18 所示。这种散热器的优点是承压能力强、体积小、质量轻、容易加工、安装简单和维修方便；其缺点是薄钢片间距小，不易清扫，耐腐蚀性能不如铸铁好。薄钢片因热胀冷缩，容易松动，日久传热性能会严重下降。

除上述散热器外，还有钢制板式散热器、钢制柱形散热器等，在此不一一介绍。

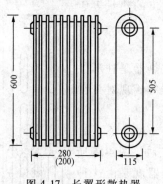 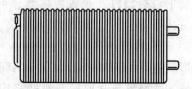

图 4-17　长翼形散热器　　　　　　　　图 4-18　钢串片对流散热器

二、散热器的布置与选择

散热器设置在外墙窗口下最为合理。经散热器加热的空气沿外窗上升，能阻止渗入的冷空气沿墙及外窗下降，因而防止了冷空气直接进入室内工作地区。对于要求不高的房间，散热器也可以靠内墙设置。

在一般情况下，散热器在房间内敞露装置，这样散热效果好且易于清除灰尘。

当建筑方面或工艺方面有特殊要求时，就要将散热器加以围挡。例如，某些建筑物为了美观，可将散热器装在窗下的壁龛内，外面用装饰性面板把散热器遮住。另外，在采用高压蒸汽供暖的浴室中，也要将散热器加以围挡，防止人体烫伤。

安装散热器时，有脚的散热器可以直立在地上；无脚的散热器可用专门的托架挂在墙上（见图 4-19），在现砌墙内埋托架，应与土建平行作业。预制装配建筑应在预制墙板时即埋好托架。

散热器明装、半暗装、暗装的立、支管连接如图 4-20 所示。

楼梯间内散热器应尽量放在底层，因为底层散热器所加热的空气能够自行上升，从而补偿上部的热损失。当散热器数量多，底层无法布置时，可参照表 4-1，将散热器分配到其他层安装。

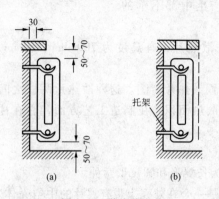

图 4-19　散热器安装
(a) 明装；(b) 暗装

为了防止冻裂，在双层门的外室以及门斗中不宜设置散热器。

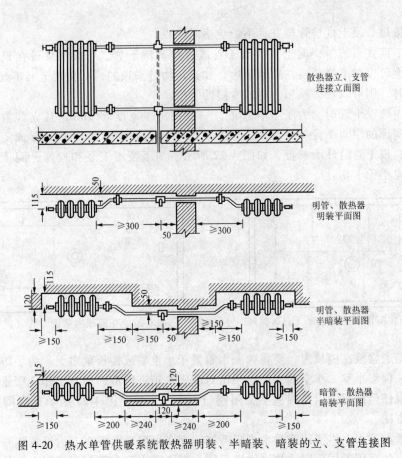

散热器立、支管
连接立面图

明管、散热器
明装平面图

明管、散热器
半暗装平面图

暗管、散热器
暗装平面图

图 4-20　热水单管供暖系统散热器明装、半暗装、暗装的立、支管连接图

表 4-1　　　　　　　　　　　　楼梯间散热器的分配百分数

房屋层数	被考虑的层数			
	1	2	3	4
2	65	35	—	—
3	50	30	20	—
4	50	30	20	—
5	50	25	15	10
6	50	20	15	15
7	50	20	15	15

在选择散热时，除要求散热器能供给足够的热量外，还应综合考虑经济、卫生、运行安全可靠以及与建筑物相协调等问题。例如，常用的铸铁散热器不能承受大于 0.4MPa 的工作压力；钢制散热器虽能承受较高的工作压力，但耐腐蚀能力却比铸铁散热器差等。

近年来，选用钢制散热器的民用建筑物在逐渐增多。

第四节　供暖管网的布置和敷设

在布置供暖管道之前，首先要根据建筑物的使用特点及要求，确定供暖系统的种类及形式。然后根据所选用的供暖系统及锅炉房位置去进行供暖管道的布置。在布置供暖管道时，应力求管道最短、便于维护管理并且不影响房间美观。

在上供下回式系统中，无论是供水干管或者是蒸汽干管，一般都敷设在建筑物的闷顶内，但有时也可以把干管敷设在顶棚下边。如建筑物是平顶的，从美观上又不允许将干管敷设在顶棚下时，则可以在平屋顶上建造专门的管槽。

在闷顶内敷设干管时，为了节省管道，一般在房屋宽度 $b<10m$，且立管数较少的情况下，可以在闷顶的中间布置一根干管，如图 4-21 所示；如房屋宽度 $b>10m$ 或闷顶中有通风装置，则用两根干管沿外墙布置，如图 4-22 所示。为了便于安装和检修，闷顶中干管与外墙的距离不应小于 1.0m。

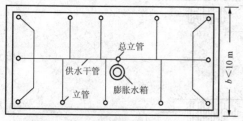

图 4-21　在闷顶内敷设干管（自然循环）

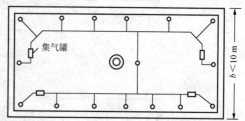

图 4-22　在闷顶内敷设干管（机械循环）

膨胀水箱通常放在闷顶内，要将膨胀水箱置于承重墙或楼板梁之上。为了防冻，在膨胀水箱外应有一保温小室。小室的大小应便于对膨胀水箱进行拆卸维修工作。膨胀水箱的膨胀管上不应装设任何阀门，以免因偶然关闭阀门而发生事故。图 4-23 所示是在闷顶中设置膨胀水箱的示意图。

平顶房屋如采用上供下回式热水供暖系统，则在平屋顶上应有专为设置膨胀水箱而增设的屋顶小室；如采用下供下回式热水供暖系统，则膨胀水箱常置于楼梯间上面的平台上。

供暖系统的回水干管，一般都敷设在建筑物最下一层房间地面下的管沟之中，如图 4-24 所示。管沟的高度及宽度取决于管道的长度、坡度以及安装与检修所必要的空间。为了检修方便，管沟在某些地点应设有活动盖板。如建筑物有不供暖的地下室，则回水干管可以敷设在地下室的顶板下面。回水干管有时也可以敷设在最下一层房间的地面上，此时要注意保证回水干管应有的坡度。

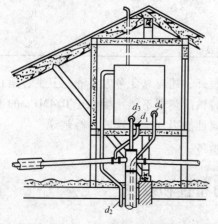

图 4-23　在闷顶内的膨胀水箱

d_1—循环管；d_2—溢流管；d_3—膨胀管；d_4—检查管

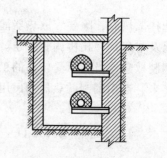

图 4-24　供暖系统的管沟

当敷设在地面上的回水干管过门时，回水干管可以从门下的小管沟内通过。如是热水供暖系统，则可以按图 4-25 所示方法处理，此时应注意坡度以便于排气。如是蒸汽供暖系统，则按图 4-26 所示方法处理，此时凝水干管在门下已形成水封，使空气不能顺利地通过，因此必须设置空气绕行管。

当建筑物无闷顶但有地下室、建筑物外形参差不齐、地下水位很低以及建造管沟比建造屋顶管槽更经济时，宜采用下供下回式系统。下供下回式系统的供水干管（或蒸汽干管）及回水干管均敷设在管沟内，如条件允许也可以敷设在地下室的顶板下。

在下供下回式热水供暖系统中，用空气管和集气罐（见图 4-3）或用装在散热器上的放气旋塞排除系统中的空气。空气管通常装在最高层房间的顶棚下面，沿外墙布置。集气罐宜放在储藏室、厕所、厨房或楼梯间等处。集气罐上的排气管应引至有下水道的地方。

为了向两侧连接散热器，立管应布置在窗间墙处，并应尽可能地将立管布置在房间的角落里。有两面外墙的房间，由于两面外墙的交接处温度最低，极易结露或结霜，因此在房屋的外墙转角处应布置立管。

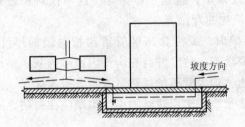

图 4-25　热水供暖系统回水干管过门

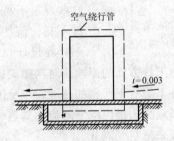

图 4-26　凝水干管过门

楼梯间中的供暖管路和散热器冻结的可能性较大，因此楼梯间的立管应单独设置，以免因冻结而影响其他房间供暖。

为了减少耗热量及防止冻结，凡在闷顶中、管沟中以及可能受到剧烈冷却地方的供暖管道均应保温。

每组柱形散热器最好不多于 20 片。片数过多不仅给施工安装带来困难，而且放热效率也低。多于 20 片的散热器必须用双面连接，如图 4-27 所示。

安装在同一房间内的散热器允许串联，其连接管直径一般采用 DN32。

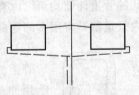

图 4-27　散热器双面连接

在单管上供下回式热水供暖系统中，由于上层散热器的进水温度比下层散热器高，因此热负荷相同但楼层不同的房间，散热器的片数就不一样，即上层散热器片数少，下层散热器片数多，这在施工中要特别加以注意。

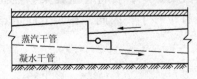

图 4-28　蒸汽干管升高处的处理方法

在管沟内布置很长的蒸汽干管时，常因管沟高度不够而影响蒸汽干管应保持的坡度。此时可使蒸汽干管在某些地点升高，以保证所要求的坡度。在蒸汽干管升高处应装疏水阀，以排除前一段干管中的沿途凝结水，如图 4-28 所示。

供暖管道的安装方法有明装及暗装两种。如果在安装后能看到管道，则称为明装；反之，在安装后将管道隐蔽起来，看不见管道的，则称为暗装。

采用明装还是暗装，要依建筑物的要求而定。一般民用建筑、公共建筑以及工业厂房都采用明装方法。装饰要求较高的建筑物如剧院、礼堂、展览馆、宾馆以及某些有特殊要求的建筑物常采用暗装方法。

管道系统安装时，立管应垂直地面安装；同一房间内散热器的安装高度应一致，并且要使干管及散热器支管具有规范要求的坡度。

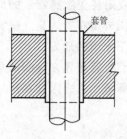

图 4-29　管道穿过
楼板或隔墙

管道穿过楼板或隔墙时，为了使管道可以自由移动且不损坏楼板或墙面，应在穿楼板或隔墙的位置预埋套管，套管的内径应稍大于管道的外径。在管道与套管之间，应填以石棉绳，如图 4-29 所示。

暗装管道时，最重要的一点是要求确保质量。管道及配件在安装前后都要详细检查，以免外面覆盖起来后，有漏水、漏汽等现象，这些现象不易发现，即使发现了，检修也很困难。这不仅对供暖系统不利，而且也会影响建筑物的寿命。

在设计和安装暗装系统时，要考虑暗装管道沟槽对墙的厚度、强度和热工等方面的影响。对沟槽砌砖的质量应要求高一些，并且在沟槽内部应抹灰，使沟槽与室外不能有不严密的砖缝，以免因冷空气渗透，加大管道的耗热量或将管道冻坏。

为了减少沟槽内空气对流运动造成的立管耗热量，在多层建筑物中，沟槽应在每层之间都有隔板来把空气隔开。

在供暖系统中，金属管道会因受热而伸长。每米钢管当它本身的温度每升高 1℃ 时，便会伸长 0.012mm。因此，平直管道的两端都因被固定而不能自由伸长时，管道就会因伸长而弯曲；当伸长量很大时，管道的管件就有可能因弯曲而破裂。因此管道的伸长问题必须妥善处理。

解决管道热胀冷缩变形问题最简单的办法是合理地利用管道本身具有的弯曲。图 4-30 所示的管道系统，在两个固定点间的管道伸缩均可以由弯曲的部分补偿。一般供暖系统中的室内管道都具有很多的弯曲部分，而且直线管段并不太长，因此

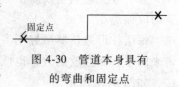

图 4-30　管道本身具有
的弯曲和固定点

不必设置专门的补偿装置。当伸缩量很大，管道的弯曲部分不能很好地起补偿作用或管段上没有弯曲部分时，就要用伸缩补偿器来补偿管道的伸缩量。最常见的伸缩补偿器是方形补偿器（见图 4-31）。方形补偿器具有制作简单、工作可靠等优点；其缺点是占据空间大或占地面积大，而且费管材，投资也多。

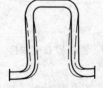

图 4-31　方形
补偿器

为了使管道的伸缩不致相互间有很大的影响，要将管道在某些点固定。在设有固定点的地方，管道就不能有位移了。因此，在两个固定点之间要有管道本身的弯曲部分或设伸缩补偿器。

第五节 高层建筑供暖特点

一、高层建筑供暖应特殊考虑的问题

前面已经介绍了一般建筑物供暖方面的有关问题。而对于高层建筑物来说，在供暖方面应特殊考虑的问题有以下几点。

1. 关于围护结构的传热系数

围护结构的传热系数与围护结构的材料、材料的厚度以及内、外表面的换热系数有关。在上述因素中，围护结构外表面的换热系数取决于外表面的对流放热量与辐射放热量。室外风速从地面到上空逐渐加大。对一般建筑来讲，在建筑物上部和下部的风速差别可以不予考虑，但对于高层建筑物，由于高层部分的室外风速大，因此高层部分外表面的对流换热系数也大。除此之外，一般建筑物由于邻近有高度差不多的建筑，所以建筑物之间的相互辐射可忽略不计。高层建筑物，其高层部分的四周一般无其他建筑物屏挡，使高层建筑物不断向天空辐射热量。而周围建筑物向高层建筑物的辐射热量却少得几乎没有，因此高层部分外表面辐射放热量的增加不能忽视。

由于高层部分外表面对流换热系数加大，并且辐射放热量也增加，所以加大了高层部分围护结构的传热系数。

2. 关于室外空气进入量

室外风速随高度而增加，使作用于高层建筑物高层部分迎风面上的风压也相应地增加，这就加大了室外冷空气的渗透量。冷空气从迎风面缝隙渗入，并从背风面缝隙排出，为了不使迎风面房间温度过低，必须将渗入的冷空气加热，这就加大了高层部分的热负荷。

此外，在冬季高层建筑物内热外冷，使得室外空气经建筑物下部出入口（或缝隙）进入建筑物，然后通过上部各种开口排出。这种在热压作用下的空气流动，当高度越高、室内外温差越大时，就会使更多的室外空气流入建筑物。这种作用增大了高层建筑物下层部分的热负荷。

3. 室内负荷的特点

在国外，高层建筑一般均采用幕墙。其传热系数虽然可能比传统结构还要小，但其热容量却较传统结构小多了。这就使高层建筑物室内的蓄热能力大为降低。在室外气温及太阳辐射变化时，便会使房间的供暖热负荷迅速发生变化。

二、在建筑及供暖方面所采取的措施

（1）为了减少由风压造成的室外空气渗入量，应尽量减少窗缝的长度，并应增加窗缝的气密性。例如，采用单扇窗，并在窗缝间加装橡胶密封衬垫等。

由热压造成的空气流动，使室外空气主要经底层大门进入建筑物。为了避免门厅部分温度过低，通常将底层大门做成双层门、旋转门，在门外加一个深度适当的门斗或者加装空气幕。冷空气进入建筑物后，沿楼梯间上升，经上层房间的窗缝或其他开口排至室外。因此在楼梯间通向走廊的地方，应设置常闭的内门，如弹簧门、自动开关门等。

（2）宜将供暖系统按朝向分区，并在每区的供暖系统中加装室温自控装置。

（3）在高层建筑内，如采用热水供暖系统，由于下层散热器只能承受一定的水静压力，因而限制了供暖系统的高度，这就使高层建筑内的热水供暖系统必须沿垂直方向分区。

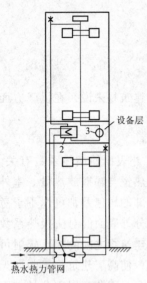

图 4-32 高层建筑
的热水供暖系统
1—混水器；2—水-水
加热器；3—水泵

图 4-32 所示是高层建筑热水供暖系统分区示意图。在建筑物的低层部分，供暖系统与热水热力管网直接连接。混合设备可用混水器，也可用水泵。在高层部分，供暖系统则通过水—水加热器与热水热力管网间接连接。用这种方法把上、下两个系统分开，使最下面的散热器所承受的水静压力与上层系统无关。

水—水加热器及水泵等均设置在辅助的房间内，这个房间可以布置在建筑物的中间层，也可以布置在建筑物的底层，这要视具体情况而定。

通常将供暖设备、空调设备、给排水设备和电气设备等的机房设备间均放在同一层楼内，它可以占去这一层楼的大部分面积。这一层楼就叫作设备层。据国外资料介绍，设备层比标准层高，其高度大约是标准层的 1.6 倍。对于旅馆之类的高层建筑物，各种机房所占的面积大约是总建筑面积的 4%～7%。

在高层建筑中，除了用地下层或屋顶层作为设备层以外，也有必要在中间层和最上层设置设备层。一般认为每 10～20 层设一设备层最好。

供暖系统可用锅炉也可用室外热力管网作为热源。

（4）在高层建筑中，如采用蒸汽供暖系统，则系统的高度不受限制。但在高层建筑中通常不用高压或低压蒸汽供暖系统。这是因为高压或低压蒸汽供暖系统除散热器表面温度过高，不符合卫生要求外，而且只能用间歇工作的方法调节散热器的散热量，这就会造成室温在较大的范围内波动。但在高层建筑中，可用真空蒸汽供暖系统。它既不受高度限制，也没有蒸汽供暖系统在卫生及调节方面的缺点。在采用真空蒸汽供暖系统时，不仅要使系统内保持真空，而且要用改变真空度的办法调节散热器的散热量。这就要求系统严密不漏，并需要保持真空的自控设备。

第六节 热 源

一、供热锅炉及锅炉房

1. 常用锅炉类型及适用范围

在供暖系统中，锅炉是加热设备，用锅炉可将回水加热成蒸汽或热水。

锅炉有两大类，即蒸汽锅炉和热水锅炉。对于供暖系统所用的锅炉来说，每一类又都可分为低压锅炉及高压锅炉两种。在蒸汽锅炉中，蒸汽压力低于 0.7 个相对大气压（表压力）的称为低压锅炉；蒸汽压力高于 0.7 个相对大气压的称为高压锅炉。在热水锅炉中，温度低于 115℃的称为低压锅炉；温度高于 115℃的称为高压锅炉。

集中供暖系统常用的热水温度为 95℃，常用的蒸汽压力往往小于 0.7 个相对大气压，所以大都采用低压锅炉。在区域供热系统中则多用高压锅炉。低压锅炉用铸铁或钢制造，高压锅炉则完全用钢制造。

当蒸汽锅炉工作时，在锅炉内部要完成三个过程，即燃料的燃烧过程、烟气与水的热交换过程以及水受热的汽化过程。热水锅炉则只完成前两个过程。

锅炉本体的最主要设备是汽锅与炉子。燃料在炉子中燃烧，放出大量的热量，这些热量以辐射和对流两种方式传给汽锅里的水，使水汽化。为了满足生产对蒸汽温度的特殊要求，设置了蒸汽过热器。为了提高锅炉运行的经济性，设置了省煤器与空气预热器。这些也都是锅炉本体的组成部分。除此之外，为了使锅炉能安全可靠地工作，还必须配备水位表、压力表、温度计、安全阀、给水阀、止回阀、主汽阀和排污阀等配件。

由于供暖系统不用过热蒸汽，因此供暖锅炉通常不装蒸汽过热器。

习惯上用蒸发量（或产热量）、蒸汽（或热水）参数、受热面蒸发率（或发热率）以及锅炉效率来表示锅炉的基本特性。

蒸发量即蒸汽锅炉每小时的蒸汽产量，单位是 t/h 或 kg/h。但有时不用蒸发量而用产热量来表示锅炉的容量，产热量是指锅炉每小时生产的热量，单位是 kW。

蒸汽（或热水）参数是指蒸汽（或热水）的压力及温度。对于生产饱和蒸汽的锅炉，由于饱和压力和饱和温度之间有固定的对应关系，因此通常只标明蒸汽的压力就可以了。对于生产热水的锅炉，则压力与温度都要标明。

受热面蒸发率（或发热率）是指每平方米受热面每小时生产的蒸汽量（或热量），单位是 $kg/(m^2 \cdot h)$（或 kW/m^2）。

锅炉效率是指锅炉中被蒸汽或热水接受的热量与燃料在炉子中应放出的全部热量的比值。

根据锅炉监督机构的规定：低压锅炉可以设在供暖建筑物内的专用房间或地下室中，而高压锅炉则必须设在供暖建筑物以外的独立锅炉房中。

铸铁片式锅炉为常见的小容量低压供暖锅炉。具有可以通过增减炉片来改变发热量、耐腐蚀，经久耐用等优点；但也有效率低，产热量较小以及耗铸铁量大等缺点。

ZRS-78 型铸铁片式热水锅炉如图 4-33 所示。这种锅炉每一个炉片都是中空的，其上、下都有管接口，借管接口将各个炉片连接成为炉体，并以钢条螺栓拉紧。冷水自锅炉后端进入彼此沟通的炉体，经加热后，热水由上部流出。这种锅炉有双层炉排，上炉排为水冷炉排，下炉排为固定式铸铁炉排，上炉排上部的空间为风室，上、下炉排之间为燃烧室，下炉排之下是灰坑。空气由风室的炉门及灰坑的灰门流入，经上、下炉排上的燃料层，达燃烧室而成为高温烟气，高温烟气经燃烧室后边的燃烬室及各炉片的中间烟道流到前烟室，再由炉片的两侧烟道返到锅炉后部而排入烟囱。在正常工作时，只往上炉排上面投新燃料，上炉排形成的灰渣通过定时的拨火落到下炉排上，通过灰门适量的给风，使渣中的碳继续燃烧。在燃烧室内，自上而下的半煤气与自下而上的含有过剩空气的燃烧产物

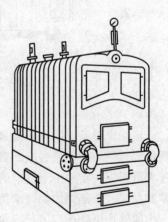

图 4-33　ZRS-78 型铸铁片式热水锅炉

相混合，形成明火半煤气燃烧。此后，未燃尽的挥发物、悬浮的微小碳粒和剩余空气中的氧再在燃烧室内充分燃烧，使烟气中的炭黑含量下降到最低的程度，从而在消烟除尘方面有了较好的效果。

在一般情况下，这种锅炉要用机械通风，但当烟囱砌筑良好（不漏风），且高度在 28m 以上时，也可以采用自然通风。

这种锅炉的产热量为232.6～488.5kW。

卧式快装锅炉是钢制锅炉,它在我国许多地方已被推广使用。其工作压力分为0.8MPa和1.3MPa两种,蒸发量为1～4t/h。图4-34所示是KZLⅡ-4-13型快装锅炉简图。

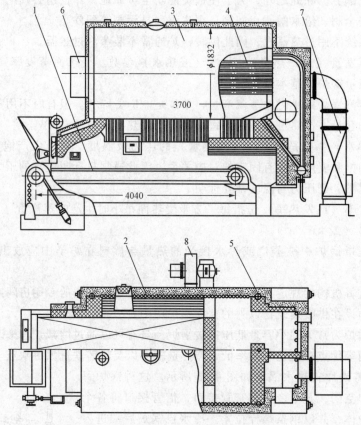

图4-34　KZLⅡ-4-13型快装锅炉

1—链条炉排;2—水冷壁管;3—锅筒;4—烟管;5—下降管;

6—前烟箱;7—铸铁省煤器;8—送风机

根据供暖系统的热媒及其参数和所用的燃料,去选择锅炉的类型。根据建筑物总热负荷及每台锅炉的产热量去选择锅炉的台数。在一般情况下,锅炉最好选两台或两台以上。这样考虑是因为一年中由于气候的变化,建筑物的热负荷并不均匀。当室外温度等于供暖室外计算温度时,全部锅炉都要满负荷工作。而当室外温度升高时,便可以停止部分锅炉工作,使工作的锅炉仍处于经济运行状态。锅炉台数增多时,对调节来说是比较合理的,但管理会有不便,还会增加锅炉房的占地面积。

2. 锅炉房位置的确定及对建筑设计的要求

用于供暖的锅炉房,大体上可分为两类:一类为工厂供热或区域供热用的独立锅炉房;另一类为生活或供暖用的附属锅炉房。生活或供暖用的附属锅炉房既可以附设在供暖建筑物内,也可以建筑在供暖建筑物以外。为安全起见,在供暖建筑物内设置的锅炉只能是低压锅炉。这两类锅炉房并无本质差异,只是大小、繁简稍有差别而已,这里以后一类锅炉房为对象加以介绍。

（1）锅炉房的位置应力求靠近供暖建筑物的中央。这样可以减小供暖系统的作用半径，并有助于供暖系统各环路间的阻力平衡。

（2）应尽量减少烟灰对环境的影响，锅炉房一般应位于建筑物供暖季主导风向的下风方向。

（3）锅炉房的位置应便于运输和堆放燃料与灰渣。

（4）在锅炉房内除安放锅炉外，还应合理地布置储煤处、鼓风机、水处理设备、凝结水箱及冷凝水泵（蒸汽供暖系统）、循环水泵（热水供暖系统）、厕所浴室及休息室等。

（5）锅炉房应有较好的自然采光，且锅炉的正面应尽量朝向窗户。

（6）锅炉房的位置应符合安全防火的规定。

（7）用建筑物的地下室作为锅炉房时，应有可靠的防止地面水和地下水侵入的措施。此外，地下室的地坪应具有向排水地漏倾斜的坡度。

（8）锅炉房应有两个单独通往室外的出口，分别设在相对的两侧。但当锅炉前端走道的总长度（包括锅炉之间的通道在内）不超过 12m 时，锅炉房可以只设一个出入口。

锅炉房通向室外的门应向外开，锅炉房内的生活室等直接通向锅炉间的门，应向锅炉间开。

（9）锅炉应装在单独的基础上。

3. 锅炉房主要尺寸的确定

在锅炉房中，要合理地配置和安装各种设备，以保证安装、运行及检修的方便和安全可靠。

（1）锅炉房平面尺寸应依据锅炉、其他设备和烟道的位置、尺寸和数量而定。锅炉前部到锅炉房前墙的距离一般不小于 3m。对于需要在炉前操作的锅炉，此距离应大于燃烧室总长 1.5m 以上。

锅炉与锅炉房的侧墙之间或锅炉之间有通道时，如不需要在通道内操作，则其宽度不应小于 1.0m。如需要在通道内操作，则通道宽度应保证操作方便，一般为 1.5～2.0m。

鼓风机、引风机和水泵等设备之间的通道，一般不应小于 0.7m。

锅炉后墙与总水平烟道之间应留有足够的距离，以敷设由锅炉引出的烟道及装置烟道闸板，此距离不得小于 0.6m。

（2）锅炉房的高度应依据锅炉高度而定。在一般情况下，锅炉房的顶棚或屋架下弦应比锅炉高 2.0m。但当锅炉房采用木屋架时，屋架下弦应至少高于锅炉 3m。

4. 烟道、烟囱及煤灰场

（1）烟道。燃料燃烧所生成的烟气，一般由锅炉后部排入水平烟道。水平烟道有两种布置方法：一种是将它放到锅炉房的地面下；另一种是放在地面上。烟道壁用 $1\frac{1}{2}$ 砖砌筑。

在砌筑地下烟道时，应注意防水并要保持烟道内壁光滑和严密。

在由锅炉引出的水平烟道上，应设闸板，以调节烟气的流量。为了清除烟道内的积灰，在水平烟道转弯、分叉及设闸板处，应设置专门的清扫口，清扫口应当用盖子盖严。

水平烟道的净截面，应根据该烟道内烟气的流量和流速来确定。烟气量取决于燃料的消耗量、燃料的成分和燃烧条件。烟气的流速一般为 4～6m/s。

（2）烟囱。为了使燃料在锅炉内安全、连续地燃烧，必须不间断地向锅炉内燃料层供给空气，同时将所产生的烟气经烟道及烟囱排入大气。烟囱的主要作用是产生抽力，烟囱越高抽力越大。当空气流过煤层及烟气流经各种受热面，烟道及烟囱的阻力较大时，除了设置烟囱外，还需要用鼓风机向煤层送风。

供暖锅炉房的烟囱可以靠墙砌筑或者离开建筑物单独砌筑。如用建筑物的地下室作为锅炉房，在一般情况下不希望离开建筑物单独砌筑烟囱，而是将烟囱靠内墙砌筑。这样做的优点是：防止烟囱内烟气冷却，水平烟道短，不影响建筑物的美观。如必须将烟囱单独在室外砌筑，则尽量将其布置到对建筑美观影响较小的地方，并且距外墙应不小于3m。

烟囱的高度要满足抽力及环境保护的要求。一般情况下，烟囱高度不应低于15m。

烟囱截面应根据烟囱内烟气的流量及流速来确定。烟囱内烟气流速一般为4～6m/s。

（3）煤灰场。在一般情况下，煤及灰渣均堆放在锅炉房主要出入口外的空地上，有时也可以在锅炉间旁边设置单独的煤仓。

露天煤场和煤仓的贮煤量应根据煤供应的均衡性以及运输条件来确定。煤仓中的煤应能直接流入锅炉间。

灰渣场宜在锅炉房供暖季主导风向的下方，煤灰渣贮存量取决于运输条件。

二、热力管网及热力引入口

供暖系统除可用小型锅炉作为热源外，也可用区域供热系统作为热源。

区域供热系统的热源是热电站或大型锅炉房。一个区域供热系统的锅炉房，提供了一个区域中全部房屋的供暖、通风及热水供应系统所需要的全部热量。有时区域供热系统还可以供给工业企业中工艺过程所需要的热能。

在区域供热系统中，热源所产生的热量，通过室外管网（即热力管网）送到各个热用户。显然，热用户即指与室外管网相连接的供暖、通风以及热水供应系统。

区域供热系统的优点是：由于使用大型锅炉，其机械化程度高，自动控制及技术管理也均较好，因此燃料中热量的利用率高；能减少管理人员，节省费用；可以减少对大气的污染。

区域供热系统的热媒是热水或蒸汽。通过室外管网，将热水或蒸汽送到各个热用户。室外管网以双管系统最为普遍。双管系统即自供热中心引出两根管线，一根将热水或蒸汽送到热用户，另一根流回回水或凝结水。

区域供热系统如以热水为热媒，则热水热力管网的供水温度为95～150℃，甚至更高一些，回水温度为70～90℃。

区域供热系统如以蒸汽为热媒，蒸汽的参数应视热用户的需要和室外管网的长度而定。

当供暖系统与区域供热系统的室外管网相连接时，室外热力管网中的热媒参数不可能与全部热用户所要求的热媒参数完全一致，这就要求在各热用户的引入口将热媒参数加以改变。

要使热力管网内热媒参数符合供暖系统等需要，就要借助不同的连接方法、专门设备以及自动控制装置来实现。

1. 与热水热力管网相连接

热水供暖系统、热水供应系统与热水热力管网连接的原理图如图4-35所示。

在图4-35中，图4-35（a）～图4-35（d）是热水供暖系统与热水热力管网连接的图示，图4-35（e）及图4-35（f）是热水供应系统与热水热力管网连接的图示。

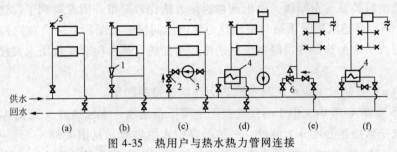

图 4-35 热用户与热水热力管网连接

1—混水器；2—止回阀；3—水泵；4—加热器；5—排气阀；6—温度调节器

在图 4-35 中，图 4-35（a）～图 4-35（e）是热用户与热水热力管网的直接连接图示，图 4-35（d）及图 4-35（f）则是借助于表面式水—水加热器的间接连接图示。

在直接连接时，必须遵循以下的条件。

（1）连接后，热用户中的压力，不应高于其允许压力。

（2）连接后，热用户最高点的压力要高于热用户中热水的饱和压力，即不允许热用户中热水汽化。

（3）要满足热用户对温度和流量的要求。

在用图 4-35（a）的连接方式时，热水从供水干管直接进入供暖系统，放热后返回回水干管。这种连接方式，在热力管网的水力工况（指供水、回水干管的压力及它们的差值）和热力工况（指整个供暖季的温度）与供暖系统相同时才采用。

当热力管网供水温度过高时，就要用图 4-35（b）及图 4-35（c）的连接方式。供暖系统的部分回水通过混水器或水泵与供水干管送来的热水相混合，达到所需要的水温后，进入供暖系统。放热后，一部分回水返回到回水干管，另一部分回水再次与供水干管送来的热水相混合。在用图 4-35（c）方式连接时，为防止水泵升压后将热力管网回水干管中的回水压入供水干管，应在供水干管引向供暖系统的引入管上加装止回阀。

如果热力管网中的压力过高，超过了供暖系统所允许的压力，或者当供暖系统所需压力较高而又不宜普遍提高热力管网的压力时，供暖系统就不能直接与热力管网连接，而必须通过表面式水—水加热器将供暖系统与热力管网隔开，此时，应按图 4-35（d）给出的图式连接。

图 4-35（e）及图 4-35（f）的情况大致与前面相应的图式相同，只不过一个是供暖系统，而另一个是热水供应系统而已。

2. 与蒸汽热力管网相连接

供暖系统、热水供应系统与蒸汽热力管网连接的原理图如图 4-36 所示。

图 4-36（a）是蒸汽供暖系统与蒸汽热力管网直接连接图示。蒸汽热力管网中压力较高的蒸汽通过减压阀进入蒸汽供暖系统，放热后，凝结水经疏水阀流入凝结水箱，然后用水泵将凝结水送回热力管网。为了防止热力管网凝结水干管中的凝结水和二次蒸汽倒流入凝结水箱

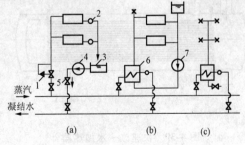

图 4-36 热用户与蒸汽热力管网连接

1—减压阀；2—疏水阀；3—凝结水箱；4—凝结水泵；
5—止回阀；6—加热器；7—循环水泵

之中，在水泵出口装置了止回阀。由于这种连接方法比较简单，因此得到了广泛的应用。

图 4-36（b）是热水供暖系统与蒸汽热力管网的间接连接图示。来自蒸汽热力管网的高压蒸汽，通过汽—水加热器将供暖系统中的循环水加热。热水供暖系统用水泵使水在系统内循环。

图 4-36（c）是热水供应系统与蒸汽热力管网连接的图示。

在图 4-35 及图 4-36 中，用于间接连接的主要设备是水—水加热器（见图 4-37）或汽—水加热器。汽—水加热器可分为两种：一种是容积式加热器（见图 4-38）；另一种是快速加热器（见图 4-39）。容积式加热器的特点是将加热器与热水储水箱结合在一起。它的传热系数小，用在热水用量不大且有明显高峰负荷的场合。

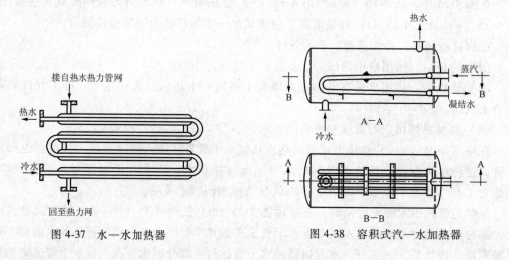

图 4-37　水—水加热器　　　　　　　图 4-38　容积式汽—水加热器

在上述各种连接方式中，只给出了热用户与热力管网连接处的主要设备。除此之外，根据不同情况还可装有测量、控制及其他附属设备，如温度计、压力表、流量计、温度控制器、压力控制器、流量控制器以及除污器等。安装有上述设备的热用户与热力管网的连接处叫作用户的热力引入口。

图 4-40、图 4-41 所示分别是热水和蒸汽热力引入口的示意图。

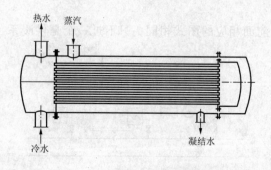

图 4-39　快速汽—水加热器

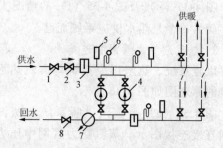

图 4-40　热水和蒸汽热力引入口
1—阀门；2—止回阀；3—除污器；4—水泵；
5—温度计；6—压力表；7—水量表；8—阀门

可用地下管沟、地下室、楼梯间或次要的房间作为热力引入口。建筑物热力引入口的位置最好放在整个建筑物的中央。由于热力引入口是调节、统计和分配从热力管网取得热量的中心，因此要求热力引入口房间除应有足够的尺寸，使人能方便地达到所有的设备并进行操作外，还应有照明设备，并要保持清洁。热力引入口的高度最低不低于2m，宽度大约可取1.5m，长度大约可取2.5m。如在热力引入口内有水泵、凝结水箱或加热器，则上述尺寸应加大。

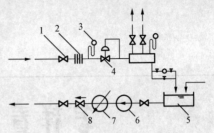

图 4-41　蒸汽热力引入口
1—阀门；2—蒸汽流量计；3—压力表；4—减压阀；
5—凝结水箱；6—水泵；7—水量表；8—止回阀

三、太阳能集热器

太阳是一个巨大的能源，它不断地向地球辐射大量的热能。从节约燃料的观点出发，收集太阳射向地球的辐射能并加以利用是有很大节能意义的。收集太阳能最简单的设备是平板太阳能集热器，如图 4-42 所示。吸收板是一块涂黑的金属表面，它是集热器的核心。照射到吸收板上的阳光被吸收板吸收后，提高了吸收板的温度，从而将流过吸收板的水（或其他液体、气体）加热。保温层及玻璃罩可减少集热器向外界的散热量。严格地说，玻璃罩能使太阳的短波辐射进入集热器，并能阻止由吸收板发出的较长波长的热辐射散出。

当太阳光垂直射向平板集热器时，平板集热器可收集到最多的热量。然而由于地球的自转及围绕太阳的公转，欲最大限度地收集太阳辐射能，必须使集热器跟随太阳自动旋转。这就要求有跟踪太阳的自动化设备，必然导致投资很大。对于热负荷不大的热水供暖或热水供应系统，可以采用固定的平板集热器。此时集热器与水平面的夹角，以大体上接近于当地的纬度数值为宜。

图 4-43 所示是典型的太阳能供暖系统示意图。

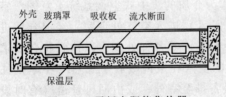

图 4-42　平板太阳能集热器

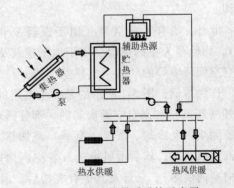

图 4-43　太阳能供暖系统示意图

第五章

怎样看空调施工图

第一节 空调概述

一、空气调节的应用和空调系统的组成

空气调节（简称空调），是为了满足人们的生产、生活要求，改善劳动卫生条件，用人工的方法使室内空气温度、相对温度、洁净度和气流速度等参数达到一定要求的技术。

所谓"一定要求"，是指一些生产工艺或者人们从事某种活动的客观需要。不同场合，对上述各项参数的要求各有不同的侧重。

大多数空调房间，主要是控制空气的温度和相对湿度。对温度和相对湿度的要求，常用"空调基数"和"允许波动范围"来表示，前者是要求保持的室内温度和相对湿度的基准值，后者是允许工作区内控制点的实际参数偏离基准参数的差值。需要严格控制温度和相对湿度，使其恒定在一定范围内的空调工程，如机械工业的精密加工车间、精密装配车间以及计量室、刻线室等，通常称为"恒温恒湿"。不要求温度、湿度恒定，而是以夏季降温为主，用来满足人体舒适要求的空调，称为一般空调或舒适性空调。

有些工艺过程，不仅要求有一定的温、湿度，而且对于空气的含尘量和尘粒大小也具有严格要求，如电子工业的光刻、扩散、制版、显影等工作间，满足这种要求的空调称为净化空调。

此外，尚有无菌空调（用于医药工业的实验室、药物分装室以及医院里的某些手术室），以除湿为主的空调（用于地下建筑及洞库）以及用以模拟高温、高湿、低温、低湿和高空空间环境等的"人工气候室"等。

作为举例，图 5-1 所示的是一个常用的以空气作为介质的集中式空调系统示意图。室外空气（新风）和来自空调房间的一部分循环空气（回风）进入空气处理室，经混合后进行过滤除尘以及冷却、减湿（夏季）或加热、加湿（冬季）等各种处理，以达到符合要求的空调送风状态，然后由风机送入各空调房间。送入的空气在室内吸收了余热（冬季则往往是向室内供热）、余湿及其他有害物后，通过排风设备排至室外，或由回风管道（有时设置回风用的风机，见图 5-1）吸引一部分回风循环使用，以节约能量。

在室内、外各种干扰因素（室外气象参数和室内的散热量、散湿量等）发生变化时，为保证室内空气参数不超出允许的波动范围，必须相应地调节对送风的处理过程，或调节送入室内的空气量。这个运行调节工作，根据允许波动范围以及室内热、湿扰量的大小，可通过手动或自动控制系统来实现。

可见，图 5-1 所示的空调系统，是由处理空气、输送空气、在室内分配空气以及运行调节等四个基本部分组成的。

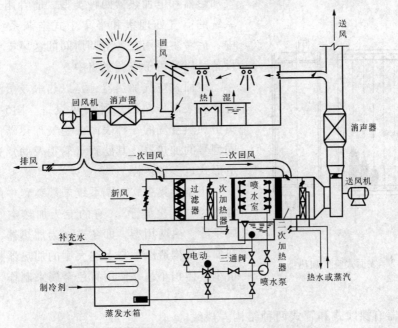

图 5-1　集中式空调系统

二、空调系统的分类

常用的空调系统，按其空气处理设备设置情况的不同，可以分为集中式、分散式和半集中式三种类型。

集中式空调系统（见图 5-1），是将各种空气处理设备以及风机都集中设在一个专用的空调机房里，以便于集中管理。空气经集中处理后，再用风管分送给各个空调房间。

分散式空调系统，是利用空调机组直接在空调房间内或其邻近地点就地处理空气的一种局部空调的方式。空调机组是将冷源、热源、空气处理、风机和自动控制等设备组装在一个或两个箱体内的定型设备。图 5-2 所示是将空调机组设在邻室的情况。

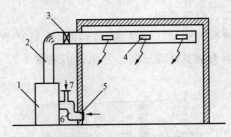

图 5-2　分散式空调系统

1—空调机组；2—送风管道；3—电加热器；4—送风口；5—回风口；6—回风管道；7—新风入口

半集中式空调系统，除有集中的空调机房外，尚有分散在各空调房间内的二次处理设备（或称末端装置），其中多半设有冷、热交换器（也称二次盘管）。集中供给新风的风机盘管空调系统即属此种类型。

第二节　空气处理和消声减振

一、空气加热

在空调工程中经常需要对送风进行加热处理。目前，广泛使用的加热设备，有表面式空

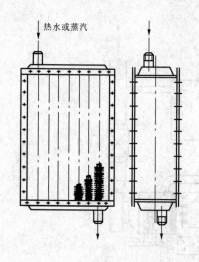

图 5-3 表面式空气加热器

气加热器和电加热器两种类型，前者用于集中式空调系统的空气处理室和半集中式空调系统的末端装置中，后者主要用在各空调房间的送风支管上作为精调设备，以及用于空调机组中。

表面式空气加热器，是以热水或蒸汽作为热媒通过金属表面传热的一种换热设备。图 5-3 所示是用于集中加热空气的一种表面式空气加热器的外形图。不同型号的加热器，其肋管（管道及肋片）的材料和构造形式也多种多样。

用于半集中式空调系统末端装置中的加热器，通常称为"二次盘管"，有的专为加热空气用；也有的属于冷、热两用型，即冬季作为加热器，夏季作为冷却器。其构造原理与上述大型的加热器相同，只是容量小、体积小，并使用有色金属来制作，如铜管铝肋片等。

电加热器有裸线式和管式两种结构。裸线式电加热器的构造如图 5-4 所示。图 5-4 中只画出一排电阻丝，根据需要电阻丝可以多排组合。管式电加热器是由若干根管状电热元件组成的，管状电热元件是将螺旋形的电阻丝装在细管里，并在空隙部分用导热而不导电的结晶氧化镁绝缘，外形做成各种不同的形状和尺寸。

二、空气冷却

使空气冷却特别是减湿冷却，是对夏季空调送风的基本处理过程。常用的方法如下。

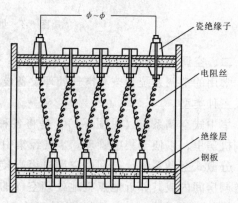

图 5-4 裸线式电加热器

1. 用喷水室处理空气

这种方法，就是在喷水室中直接向流过的空气喷淋大量低温水滴，以便通过水滴与空气接触过程中的热、湿交换而使空气冷却或者减湿冷却。

喷水室是由喷嘴、喷水管路、挡水板、集水池和外壳等组成的，集水池内又有回水、溢水、补水和泄水等四种管路和附属部件。图 5-5 所示是一个单级卧式喷水室的构造示意图。

喷嘴的排数和喷水方向应根据计算来确定，可能是一排逆喷（即喷水方向与

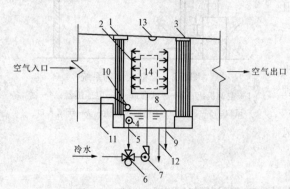

图 5-5 单级卧式喷水室构造

1—前挡水板；2—喷嘴及喷水管；3—后挡水板；4—滤水器；
5—回水管；6—三通混合阀；7—喷水泵；8—溢水器；9—溢
水管；10—浮球阀；11—补水管；12—泄水管；
13—防水灯；14—检查门

空气流向相反），也可能是两排对喷（第一排顺喷，第二排逆喷）或三排对喷（第一排顺喷，后两排逆喷）。通常多采用两排对喷，只是在喷水量较大时才增为三排。

喷水室的横截面积应根据通过的风量和常用流速 $v = 2\sim3\mathrm{m/s}$ 的条件来确定。喷水室的长度取决于喷嘴排数和喷水方向，可参照表 5-1 中的数据。

挡水板分为前挡水板（又称分风板）和后挡水板，通常都是用镀锌薄钢板加工成波折的形状。前挡水板的宽度为 $150\sim250\mathrm{mm}$，后挡水板的宽度为 $350\sim500\mathrm{mm}$。

喷水室的外壳一般用钢板加工，也可以用砖砌或用混凝土浇制，但要注意做好防水。

表 5-1　　　　喷水室的长度尺寸

喷管排列方式	间距尺寸(mm)			
空气流向 →	l_1	l_2	l_3	l_4
	1000	250	—	
	200	600~1000	250	
	200	600~1000	600	250

集水池的容积一般按能容纳 $2\sim3\mathrm{min}$ 的喷水量考虑，深度为 $0.5\sim0.6\mathrm{m}$。

喷水处理法可用于任何空调系统，特别是在有条件利用地下水或山涧水等天然冷源的场合，宜采用这种方法。此外，当空调房间的生产工艺要求严格控制空气的相对湿度（如化纤厂）或要求空气具有较高的相对湿度（如纺织厂）时，用喷水室处理空气的优点尤为突出。但是这种方法也有缺点，主要是耗水量大、机房占地面积较大以及水系统比较复杂。

2. 用表面式冷却器处理空气

表面式冷却器分为水冷式和直接蒸发式两种。水冷式表面冷却器与空气加热器的原理相同，只是将热媒换成冷媒——冷水而已。直接蒸发式表面冷却器就是制冷系统中的蒸发器，这种冷却方式，是靠制冷剂在其中蒸发吸热而使空气冷却的。

使用表面式冷却器，能对空气进行干式冷却（使空气的温度降低但含湿量不变）或减湿冷却两种处理过程，这决定于冷却器表面的温度是高于还是低于空气的露点温度。

与喷水室相比较，用表面式冷却器处理空气具有设备结构紧凑、机房占地面积小、水系统简单以及操作管理方便等优点，因此应用也很广泛。但它只能对空气实现上述两种处理过程，而不像喷水室那样尚能对空气进行加湿等处理，此外，它也不便于严格控制调节空气的相对湿度。

三、空气的加湿和减湿

1. 空气加湿

空气加湿有两种方式：一种是在空气处理室或空调机组中进行，称为集中加湿；另一种是在房间内直接加湿空气，称为局部补充加湿。

用喷水室加湿空气，是一种常用的集中加湿法。对于全年运行的空调系统，如果夏季是用喷水室对空气进行减湿冷却处理的，在其他季节需要对空气进行加湿处理时，就可仍使用该喷水室，只需相应地改变喷水温度或喷淋循环水，而不必变更喷水室的结构。

喷蒸汽加湿和水蒸发加湿也是常用的集中加湿法。喷蒸汽加湿是用普通喷管（多孔管）或专用的蒸汽加湿器将来自锅炉房的水蒸气喷入空气中去，如夏季使用表面式冷却器处理空气的集中式空调系统，冬季就可以采用这种加湿的方式。水蒸发加湿是用电加湿器加热水以产生蒸汽，使其在常压下蒸发到空气中去，这种方式主要用于空调机组中。

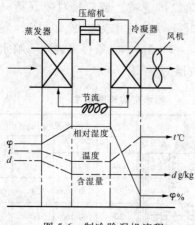

图 5-6　制冷除湿机流程

2. 空气减湿

在气候潮湿的地区、地下建筑以及某些生产工艺和产品贮存需要空气干燥的场合，往往需要对空气进行减湿处理。空气减湿的方法有很多，现介绍以下常用的两种。

（1）制冷减湿。制冷减湿是靠制冷除湿机来降低空气的含湿量。制冷除湿机是由制冷系统和风机等组成的，如图 5-6 所示。待处理的潮湿空气通过制冷系统的蒸发器时，由于蒸发器表面的温度低于空气的露点温度，因此不仅使空气降温，而且能析出一部分凝结水，这样便达到了空气减湿的目的。已经冷却减湿的空气通过制冷系统的冷凝器时，又被加热升温，从而降低了空气的相对湿度。

制冷除湿机的产品种类有很多，有的做成小型立柜式，有的做成固定或移动式整体机组，不同型号的除湿量在每小时几千克到几十千克的范围内。

（2）利用固体吸湿剂吸湿。固体吸湿剂有两种类型：一种是具有吸附性能的多孔性材料，如硅胶、铝胶等，吸湿后材料的固体形态并不改变；另一种是具有吸收能力的固体材料，如氯化钙等，这种材料在吸湿之后，由固态逐渐变为液态，最后失去吸湿能力。

固体吸湿剂的吸湿能力不是固定不变的，在使用一段时间后失去了吸湿能力时，需进行"再生"处理，即用高温空气将吸附的水分带走（如对硅胶），或用加热蒸煮法使吸收的水分蒸发掉（如对氯化钙）。

图 5-7 所示是使用氯化钙的吸湿装置。按图 5-7 所示尺寸，在抽屉内铺放直径为 50～70mm 的固体氯化钙吸湿层，总面积约 1.2m²。室内潮湿空气以 0.35m/s 的流速由各进风口进入吸湿层，然后由轴流风机直接送入房间。当室温为 27℃ 左右，进口空气的相对湿度为 60%～90% 时，吸湿量为 1.5～5kg/h。

四、空气净化

空气净化包括除尘、消毒、除臭以及离子化等，其中除尘是经常遇到的。

对送风的除尘处理，通常使用空气过滤器。根据过滤效率的高低，可将空气过滤器分为四种类型，具体见表 5-2。

空气过滤器的产品种类有很多，粗效的有采用化纤组合滤料制作的 ZJK 型自动卷绕式人字形空气过滤器，以及用粗中孔泡沫塑料制作的 M-Ⅲ 型袋式过滤器等；中效的有用中细孔泡沫塑料制作的 M-Ⅰ、M-Ⅱ 和 M-Ⅳ 型袋式过滤器，以及用涤纶无纺布制作的 WV、WZ-1 和 WD-1 型袋式过滤器等；亚高效的有 ZKL 型棉短绒纤维滤纸和 GZH 型玻璃纤维滤纸过滤器等；高效的有

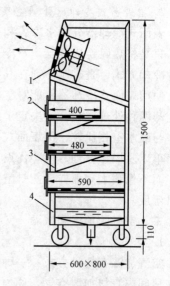

图 5-7　氯化钙吸湿装置
1—轴流风机；2—活动抽屉吸湿层；3—进风口；
4—主体骨架

表 5-2			空 气 过 滤 器 的 分 类
类别	有效的捕集尘粒直径（μm）	适应的含尘浓度（mg/m³）	过滤效率%（测定方法）
粗　效	>5	<10	<60（大气尘计重法）
中　效	>1	<1	60～90（大气尘计重法）
亚高效	<1	<0.3	90～99.9（对粒径为 0.3μm 的尘粒计数法）
高　效	<1	<0.3	≥99.91（对粒径为 0.3μm 的尘粒计数法）

GB 型玻璃纤维滤纸和 GS 型石棉纤维滤纸过滤器等。

图 5-8 所示是 ZJK-1 型自动卷绕式粗效过滤器的结构原理。不同型号的外形尺寸（宽×高×深）为 1124mm×1574mm×700mm～2154mm×2084mm×700mm，额定风量约为 10000～40000m³/h。

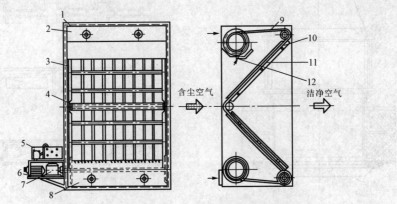

图 5-8　ZJK-1 型自动卷绕式粗效过滤器结构原理

1—连接法兰；2—上箱；3—滤料滑槽；4—改向棍；5—自动控制箱；6—支架；7—减速箱；
8—下箱；9—滤料；10—挡料栏；11—压料栏；12—限位器

图 5-9 所示是 M 型泡沫塑料过滤器的外形及安装框架。不同型号的外形尺寸为 520mm×520mm×610mm～440mm×440mm×500mm，额定风量为 2000～1600m³/h。

图 5-10 所示是 GB、GS 型高效过滤器的构造示意图。这两种过滤器是由木质外框、滤纸和波纹状分隔片组成的，外形尺寸有 484mm×484mm×220mm 和 630mm×630mm×220mm 两

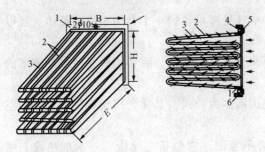

图 5-9　M 型泡沫塑料过滤器的外形和安装框架

1—角钢边框；2—铅丝支撑；3—泡沫塑料滤层；
4—固定螺栓；5—螺母；6—现场安装框架

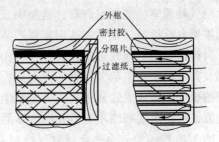

图 5-10　高效过滤器的构造示意图

种规格，额定风量为 $1000m^3/h$ 和 $1500m^3/h$。图 5-11 和图 5-12 所示分别是在送风口处和在顶棚或送风墙上布置高效过滤器的安装方式示意图。

对空气过滤器的选用，应主要根据空调房间的净化要求和室外空气的污染情况而定。一般的空调系统，通常只设一组粗效过滤器（见图 5-1）；有较高净化要求的空调系统，可设粗效和中效两级过滤器，其中第二级中效过滤器应集中设在系统的正压段（即风机的出口段）；有高度净化要求的空调工程，一般用粗效、中效两级过滤器作预过滤，再根据要求的洁净度级别的高低使用亚高效过滤器或高效过滤器进行第三级过滤。亚高效过滤器和高效过滤器应尽量靠近送风口安装。

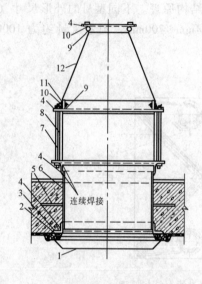

图 5-11　在送风口处安装
高效过滤器

1—扩散板；2—螺钉、螺母、垫圈；3—木框；4—角钢法兰；5—钢筋爪；6—预埋短管；7—长螺杆；8—高效过滤器；9—密封垫圈；10—铆钉；11—压条；12—软管

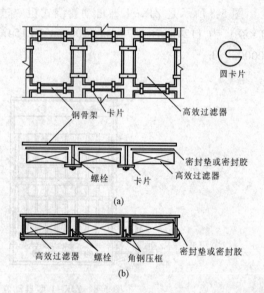

图 5-12　高效过滤器在顶棚和送风墙上安装示意图
（a）卡片式压紧装置（卡片可做成长方形，每个高效过滤器用 8 个支点；若钢骨架强度好，也可以在高效过滤器的四角定 4 个支点，卡片可做成圆形）；（b）角钢框式压紧装置 [钢骨架要求平整，钢骨架的材料可采用槽钢、角钢（对焊）或方钢，要注意强度及整体性]

五、空气处理室（空调箱）的形式与构造

空气处理室，或称空调箱，是集中设置各种空气处理设备的一个专用小室或箱体。可以根据需要自行设计，也可以选用定型产品。

自行设计的空气处理室，其外壳可用钢板或非金属材料制作，后者一般是整个处理室的顶部及其中的喷水室部分用钢筋混凝土，其余部分基本用砖砌。大型处理室常做成卧式的，小型的也可以做成立式或叠式的。定型生产的空调箱多为卧式，其外壳用钢板制作，冷却空气的方式有喷水式和使用表面式冷却器的两种。

图 5-13 所示是一个非金属空气处理室的组合示意图。它包括过滤段、一次加热段、喷水段（喷水室）和二次加热段等四个完整的组成部分。在不同情况下，根据设计要求，也可能不设其中的一次加热段或二次加热段。空气处理室的组合长度以及在不同风量时的一些平面和剖面尺寸分别见表 5-3 和表 5-4。

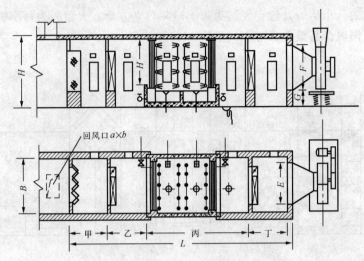

图 5-13　非金属空气处理室的组合示意

表 5-3　　　　　　　　　　　　非金属空气处理室组合长度

组合段代号	甲	乙	丙		丁	L	
尺寸(mm)　名称　　组合型号	空气过滤段	一次加热段	喷水段		二次加热段	组合总长度	
			双级	单级		双级	单级
Ⅰ	1200	1200	5080	3480	1200	8920	7320
Ⅱ	1200	1200	5080	3480	—	7720	6120
Ⅲ	1200	—	5080	3480	1200	7720	6120
Ⅳ	1200	—	5080	3480	—	6520	4920

注　表中的尺寸是根据以下条件制订的。

（1）空气过滤器（低效）的外形尺寸为 $520 \times 520 \times 70mm^3$，并采用人字形安装。

（2）空气加热器为"通惠Ⅰ型"钢制加热器或"SYA型"加热器。

（3）喷水段适合于单级双排、单级三排及双级（每两排对喷）等型式。

表 5-4　　　　　　　　　　　　非金属空气处理的构造尺寸

构造尺寸	风量范围（m³/h）					
	22000～32000	29000～44000	36000～54000	45000～67000	54000～81000	65000～97000
B	1500	2000	2500	2500	3000	3000
H	2800	2800	2800	3300	3300	3800
H_1	2020	2020	2020	2520	2520	3020
E	1030	1530	2030	2030	2030	2030
F	1530	1530	2030	2030	2030	2030
G	540	540	530	540	540	510
$a \times b$	600×1000	800×1000	800×1000	800×1200	1000×1500	1000×1500

　　由工厂生产的金属空调箱，是用标准构件或标准段组装而成的。它的最大特点，是可以根据设计要求选用标准段或标准构件加以组合，从而加快工程进度。分段越多，灵活性越大。标准的分段大致有回风机段、混合段、预热段、过滤段、表冷段、喷水段、蒸汽加湿段、再热段、送风机段、能量回收段、消声器段和中间段等。

　　图 5-14 所示是一个装配式空调箱的示意图。装配式空调箱的大小一般是以每小时处理

的空气量来标定的，小型的处理空气量为每小时几百立方米，大型的为每小时几万甚至几十万立方米，目前国内产品最大处理空气量达 160000m³/h。

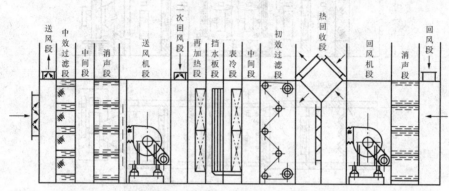

图 5-14　装配式金属空调箱示意图

装配式空调箱的结构除整体分段的外，还有框架式和全板式两种。框架式空调箱由框架和带保温层的板组成，框架的接点可以拆卸。除喷水段有检查门外，其他各段均不设检查门，检修时可将箱体的侧板整块拆卸下来。

全板式空调箱没有框架，由不同规格的、刚度较大的复合钢板（中间有保温层）拼装而成，因而尺寸可以进一步缩小。

空调箱内各种设备的间隔尺寸，主要是考虑了维护检修的可能（如更换过滤器等）、空气混合的必要空间（新、回风的混合）以及喷水室的结构尺寸、表冷器的落水距离等需要。喷水室的结构尺寸见表 5-1。对于使用表冷器的空调箱可参考图 5-15 所示的尺寸，不同截面积的间隔尺寸见表 5-5。

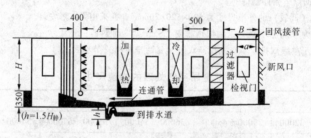

图 5-15　使用表冷器的空调箱参考尺寸

表 5-5　　　　　　　　　　　使用表冷器的空调箱内各种设备的间隔尺寸

空调箱横截面积 (m^2)	箱内设备的间隔尺寸		空调箱横截面积 (m^2)	箱内设备的间隔尺寸	
	A (mm)	B (mm)		A (mm)	B (mm)
～0.25	H	$a+300$	3.0～6.0	700	$a+300$
0.2～1.0	500	$a+300$	6.0～9.0	800	$a+300$
1.0～3.0	600	$a+300$	>9.0	0.3H 或 900	$a+300$

注　当混合室内须进行操作时，$B=A$。

六、空调机房的布置原则

空调机房是用来布置空气处理室、风机、自动控制屏以及其他一些附属设备，并在其中进行运行管理的专用房间。

对空调机房的布置，应以管理方便、占地面积小、不影响周围房间的使用和管道布置经济等为原则。

1. 机房位置的选择

空调机房应尽量靠近空调房间，但要防止其振动、噪声和灰尘等对空调房间的影响。

空调机房最好设在建筑物的底层，以减少振动对其他房间的影响。设在楼层上的空调箱应考虑其重量对楼板的影响，风机、制冷压缩机和水泵等一般要采取减振措施。

对于减振和消声要求严格的空调房间，可以另建空调机房，或者将空调机房和空调房间分别布置在建筑物沉降缝的两侧。

2. 机房的内部布置

空调机房的面积和层高，应根据空调箱的尺寸、风机的大小、风管及其他附属设备的布置情况，以及保证对各种设备、仪表的一定操作距离和管理、检修所需的通道等因素来确定。

经常操作的操作面宜有不小于 1.0m 的距离，需要检修的设备旁要有不小于 0.7m 的距离。

自动控制屏一般设在空调机房内，以便于同时管理。控制屏与各种转动部件（风机、制冷压缩机、水泵等）之间应有适当的距离，以防振动的影响。

大型空调机房设有单独的管理人员值班室，值班室应设在便于观察机房的位置，这种情况下自动控制屏宜设在值班室内。

空调箱及自动控制仪表等的操作面应有充足的光线，最好是自然采光。需要检修的地点应设置检修照明。

机房最好设有单独的出入口，以防止人员、噪声等对空调房间的影响。

空调机房的门和装拆设备的通道应考虑能顺利地运入最大的空调构件，如果构件不能由门搬入，则需预留安装孔洞和通道，并应考虑拆换的可能。

七、消声与减振

空调设备（风机、水泵、制冷压缩机等，其中以风机为主）在运行时都会产生噪声和振动，并通过管道及其他结构物传入空调房间。因此，对于要求控制噪声和防止振动的空调工程，应采取适当的消声和减振措施。

消声措施包括两个方面：一是设法减少噪声的产生；二是必要时在系统中设置消声器。

为减小风机的噪声，可以采取以下措施。

（1）选用高效率、低噪声型式的风机，并尽量使其运行工作点接近最高效率点。

（2）风机与电动机的传动方式最好采用直接连接，如不可能，则采用联轴器连接或皮带轮传动。

（3）适当降低风管中的空气流速，有一般消声要求的系统，主风管中的流速不宜超过 8m/s，以减少因管中流速过大而产生的噪声，有严格消声要求的系统，不宜超过 5m/s。

（4）将风机安装在减振基础上，并且风机的进、出风口与风管之间采用软管连接。

（5）在空调机房内和风管中粘贴吸声材料，以及将内机设在有局部隔声措施的小室内等。

消声器的形式有很多，按消声的原理可分为以下几类。

1. 阻性消声器

阻性消声器多是用孔松散的吸声材料制成的，如图5-16（a）所示。当声波传播时，将激发材料孔隙中的分子振动，由于摩擦阻力的作用，使声能转化为热能而消失，起到消减噪声的作用。这种消声器对于高频和中频噪声有一定的消声效果，但对低频噪声的消声性能较差。

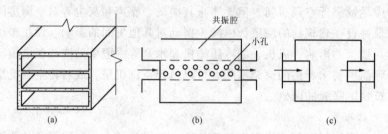

图 5-16　消声器构造示意

（a）阻性消声器；（b）共振性消声器；（c）抗性消声器

2. 共振性消声器

如图5-16（b）所示，小孔处的空气柱和共振腔内的空气构成一个弹性振动系统。当外界噪声的振动频率与该弹性振动系统的振动频率相同时，引起小孔处的空气柱强烈共振，空气柱与孔壁发生剧烈摩擦，声能就因克服摩擦阻力而消耗。这种消声器有消除低频的性能，但频率范围很窄。

3. 抗性消声器

气流通过截面积突然改变的风管时，将使沿风管传播的声波向声源方向反射回去而起到消声作用。这种消声器对消除低频噪声有一定效果，如图5-16（c）所示。

4. 宽频带复合式消声器

宽频带复合式消声器是上述几种消声器的综合体，以便集中它们各自的性能特点和弥补单独使用时的不足，如阻、抗复合式消声器和阻、共振式消声器等。这些消声器对于高、中、低频噪声均有较良好的消声性能。

各种消声器的性能和构造尺寸可查阅《全国通用采暖通风标准设计图集》。

为减弱风机运行时产生的振动，可将风机固定在型钢支架上或钢筋混凝土板上，下面安装减振器，如图5-17所示。前者风机本身的振幅较大，机身不够稳定；后者可以克服这个

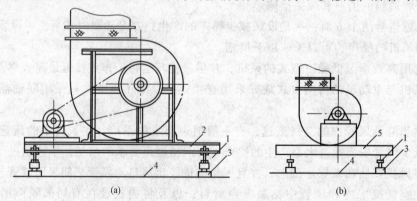

图 5-17　风机减振器安装

1—减振器；2—型钢支架；3—混凝土支墩；4—支承结构；5—钢筋混凝土板

缺点，但施工较为麻烦。

减振器是用减振材料制作而成的，减振材料的品种有很多，空调工程常用的减振材料有橡胶和金属弹簧。图 5-18 所示是几种不同形式的减振器结构示意图。

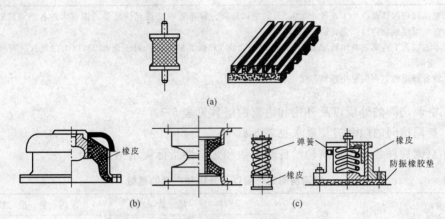

图 5-18　几种不同形式的减振器结构示意图
（a）压缩型；（b）剪切型；（c）复合型

第三节　空　调　房　间

一、空调房间的建筑布置和建筑热工要求

合理的建筑措施，对于保证空调效果和提高空调系统的经济性具有重要意义。在布置空调房间和确定房间围护结构的热工性能时，一般应满足以下要求。

1. 空调房间的布置

空调房间应尽量集中布置。室内温度湿度基数、使用班次和消声要求相近的空调房间，宜相邻或上下层对应布置。应尽量做成空调房间被非空调房间所包围，但空调房间不宜与高温或高湿房间相毗邻。空调房间应尽量避免设在有两面相邻外墙的转角处或有伸缩缝的地方。如果设在转角处，就不宜在转角的两面外墙上都设置窗户，以减少传热和渗透。空调房间不要靠近产生大量灰尘或腐蚀性气体的房间，也不要靠近振动和噪声大的场所。要布置在产生有害气体车间的上风向。

对洁净度或美观要求高的空调房间，可设技术阁楼或技术夹层。

空调房间的高度，除应满足生产、建筑要求外，尚需满足气流组织和管道布置等方面的要求。

2. 围护结构的设置和建筑热工要求

（1）空调房间的外墙、外墙朝向及其所在层次应符合表 5-6 的要求。

表 5-6　　　　　　　　空调房间的外墙、外墙朝向及其所在层次

室温允许波动范围（℃）	外　墙	外　墙　朝　向	所在层次
≥±1	应尽量减少	应尽量北向	应尽量避免顶层
±0.5	不宜有	如有外墙时，宜北向	宜底层

室温允许波动范围（℃）	外　墙	外　墙　朝　向	所在层次
±0.1～0.2	不宜有	如有外墙宜北向，且工作区距外墙不应小于0.8m	宜底层

注 1. 室温允许波动范围小于或等于±0.5℃的空调房间，宜布置在室温允许波动范围较大的各空调房间之中，当在单层建筑物内时，宜设通风屋顶。

2. 本表以及下述第2条中的"北向"，适用于北纬23°以北的地区；对于北纬23°以南的地区，可相应地采用"南向"。

3. 设置舒适性空调的民用建筑，可不受此限。

（2）空调房间的外墙以及外窗和内窗的层数见表5-7。

（3）空调房间的门和门斗要求见表5-8。

（4）空调房间各种围护结构的传热系数和热惰性指标要求见表5-9。

表5-7　　　　　　　　　　　空调房间的外窗以及外窗和内窗的层数

室温允许波动范围（℃）	外　窗	外　窗　层　数		内　窗　层　数	
		≥7	<7	≥5	<5
≥±1	尽量北向并能部分开启，±1℃时不应有东、西向外窗	三层或双层（天然冷源双层）	双层（天然水源可单层）	双层（天然冷源单层）	单层
±0.5	不宜有，如有应北向	三层或双层（天然冷源双层）	双层	双层	单层
±0.1～0.2	不应有	—	—	可有小面积的双层窗	双层

表5-8　　　　　　　　　　　　空调房间门和门斗的设置要求

室温允许波动范围（℃）	外门和门斗	内门和门斗
≥±1	不宜有外门，如有经常出入的外门时，应设门斗	宜设门斗
±0.5	不应有外门，如有外门时，就必须设门斗	宜设门斗
±0.1～0.2	严禁有外门	内门不宜通向室温基数不同或室温允许波动范围大于±1℃的邻室

表5-9　　　　　　　　　　空调房间围护结构的传热系数和热惰性指标

室温允许波动范围（℃）	围护结构的传热系数 K （W/m·℃）	围护结构的热惰性指标 D
≥±1	按经济性要求	无特殊要求
±0.5	除考虑经济性要求外，且不大于0.814	外墙不小于4，屋盖或顶棚不小于3
±0.1～0.2	除考虑经济性要求外，且不大于0.465	外墙不小于5，屋盖或顶棚不小于4

在表5-9中的所谓经济性要求，即空调房间的墙、屋盖和楼板等的经济传热系数，是指在空调制冷投资、维护费用和围护结构的保温费用三者综合最小时的传热系数，它可以通过计算来确定。

（5）为了防止因向保温层内渗透水汽而降低保温性能，空调房间应设有保温层的外墙和屋盖，一般在保温层外侧设隔汽层，并应注意排除施工时材料内的水分。屋盖已有防水层或外墙有外粉刷时，可以不再设隔汽层。

二、空调房间的气流组织

气流组织是指在空调房间内为实现某种特定的气流流型，以保证空调效果和提高空调系统的经济性而采取的一些技术措施。不同用途的空调工程，对气流组织有着不同的要求。恒温恒湿空调系统主要是使工作区内保持均匀而又稳定的温度、湿度，同时又应满足区域温差、基准温度、湿度及其允许波动范围的要求。区域温差，是指工作区内无局部热源时，由于气流而引起的不同地点的温差。有高度净化要求的空调系统主要是使工作区内保持应有的洁净度和室内正压。对空气流速有严格要求的空调系统，则主要应保证工作区内的气流速度符合要求。

影响气流组织的因素有很多，其中主要的是送、回风方式以及送风射流的运动参数。常用的气流组织方式有以下几种。

1. 侧向送风

图 5-19（a）所示是一种单侧送风方式（上送下回风）的示意图。送、回风口分别布置在房间同一侧的上部和下部，送风射流到达对面的墙壁处，然后下降回流，使整个工作区域全部处于回流之中。如图 5-19（b）所示，为避免射流中途下落，常采用贴附射流（使送风射流贴附于顶棚表面流动），以增大射流的流程。

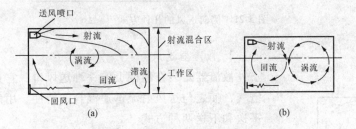

图 5-19　单侧送风（上送下回风）示意图

侧向送风是最常用的一种空调送风方式，它具有结构简单、布置方便和节省投资等优点，在室温允许波动范围不小于 ±0.5℃ 的空调房间一般均可采用。

对于这种气流组织方式，送风射程（房间长度）通常在 3～8m，送风口每隔 2～5m 设置一个，房间高度一般在 3m 以上，送风口应尽量靠近顶棚，或设置向上倾斜 10°～20° 的导流叶片，以形成贴附射流。

图 5-20 所示是几种布置实例。其中图 5-20（a）所示是将回风立管设在室内或走廊内；图 5-20（b）所示是利用送风干管周围的空间作为回风干管；图 5-20（c）所示是利用走廊回风。

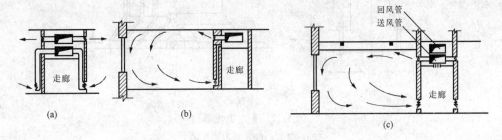

图 5-20　侧向送风的布置实例

侧向送风除上述单侧上送下回风方式外，根据情况亦可做成单侧上送上回风；双侧内送下回风或上回风；双侧外送上回风以及中部双侧内送，上回或下回、上排风等各种型式，如图 5-21 所示。

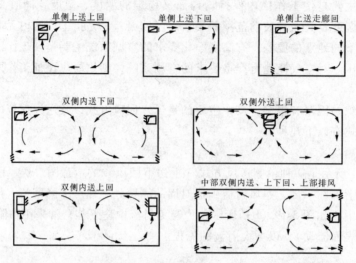

图 5-21　侧向送风的几种方式

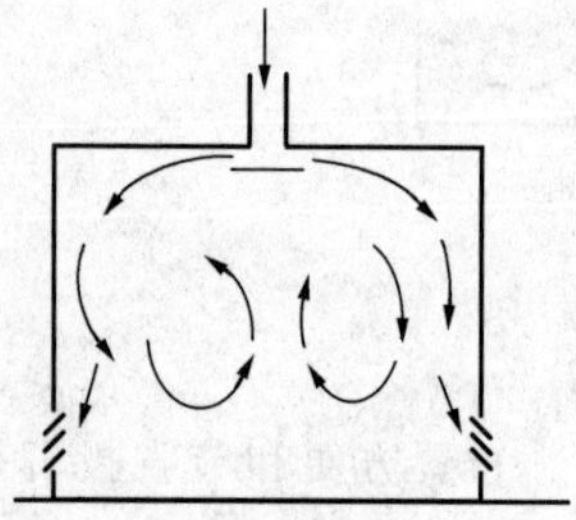

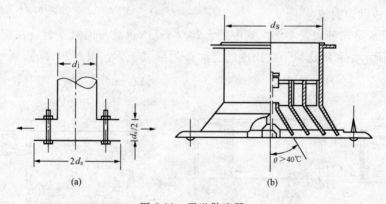

图 5-22　散流器平送的
气流流型

2. 散流器送风

散流器是装在顶棚上的一种送风口，它具有诱导室内空气，使之与送风射流迅速混合的特性。用散流器送风有平送和下送两种方式。

图 5-22 所示是散流器平送的气流流型。图 5-23 所示是两种平送散流器的结构示意图。其中图 5-23（a）叫盘式散流器；图 5-23（b）叫圆形（尚有方形）直片式散流器。这种送风方式，气流系沿顶棚横向流动，形成贴附，而不是直接射入工作区。要求较高的恒温车间，当房间较低，面积不大，而且有吊顶或技术夹层可以利用时，就可

图 5-23　平送散流器
（a）盘式；（b）圆形直片式

采用这种送风方式。如果房间的面积较大,就可以采用几个散流器对称布置,各散流器的间距一般在 3～6m,散流器的中心轴线距墙一般不小于 1m。

图 5-24 所示是散流器下送的气流流型。图 5-25 所示是常用的一种流线型散流器的结构图。这种送风方式使房间中的气流分成两段:上段叫做混合层,下段是比较稳定的平行流,整个工作区全部处于送风的气流之中。这种气流组织方式主要用于有高度净化要求的车间。房间高度以 3.5～4.0m 为宜,散流器的间距一般不超过 3m。

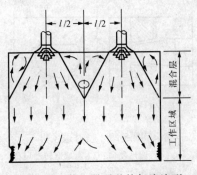

图 5-24　散流器下送的气流流型

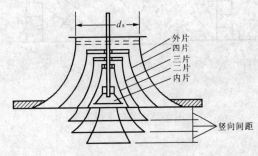

图 5-25　流线型散流器

3. 孔板送风

孔板送风是将空调送风送入顶棚上面的稳压层中,在稳压层的作用下,通过顶棚上的大量小孔均匀地送入房间。可以利用顶棚上面的整个空间作为稳压层,也可以专设稳压箱,稳压层的净高应不小于 0.2m。孔板可用铝板、木丝板、五夹板、硬纤维板、石膏板等材料制作,孔径一般为 4～10mm,孔距为 40～100mm。整个顶棚全部是孔板的叫作全面孔板送风;只在顶棚的局部位置布置孔板的叫作局部孔板送风。

对于全面孔板送风,根据不同的设计条件,可以在孔板下面形成下送平行流的气流流型(见图 5-26)或是不稳定流流型(见图 5-27)。前者主要用于有高度净化要求的空调房间;后者适用于室温允许波动范围较小和要求气流速度较低的空调房间。

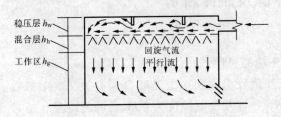

图 5-26　全面孔板下送平行流流型

图 5-27　全面孔板不稳定流流型

采用局部孔板送风时,在孔板下部同样可以形成平行流或不稳定流,但在孔板的周围则形成回旋气流。

4. 喷口送风

喷口送风,是将送、回风口布置在房间同侧,送风以较高的速度和较大的风量集中在少数的风口射出,射流行至一定路程后折回,使工作区处于气流的回流之中,如图 5-28 所示。这种送风方式具有射程远、系统简单、节省投资等特点,它能满足一般舒适性要求,因此广泛应用于大型体育馆、礼堂、影剧院、通用大厅以及高大空间的一些工业厂房和公共建筑中。

喷口有圆形和扁形两种形式，圆形喷口的结构如图 5-29（a）所示。为提高喷口的使用灵活性，亦可以做成图 5-29（b）所示的既能调节送风方向又能调节送风量的球形转动的形式。

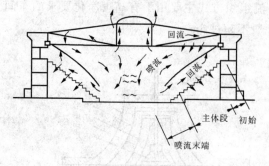

图 5-28　喷口送风流型

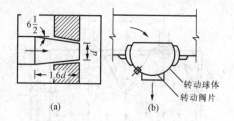

图 5-29　喷射送风口
（a）圆形喷口；（b）球形转动风口

采用喷口送风时，喷口直径一般在 0.2～0.8m，喷口的安装高度应通过计算来确定，大致为房高的 0.5～0.7 倍。

5. 回风口

回风口处的气流速度衰减很快，故对室内气流组织的影响不大。回风口的构造比较简单，类型也不多。最简单的就是在孔口上装金属网，以防杂物被吸入。回风口通常设在房间的下部，下缘距地面 0.15m 以上。室温允许波动范围等于或大于 1℃ 的空调房间，有时采用走廊回风〔见图 5-20（c）〕，这时可在房门下端或墙壁底部设置可调节的百叶风口，回风通过它进入走廊，再由走廊集中抽回到空调箱。为防止室外空气混入，走廊两端应设密闭性能较好的门。

第四节　空调冷源及制冷机房

一、空调冷源

空调工程中使用的冷源，有天然冷源和人工冷源两种。

制冷量与制冷剂的种类及制冷系统的工况（蒸发温度和冷凝温度等）有关，表中的数据是指蒸发温度为 5℃（氨和 R_{22}）或 10℃（R_{12}）以及冷凝温度为 40℃ 时的制冷量，通常称为"空调制冷量"。

1. 冷凝器

在空调制冷系统中常用的冷凝器有立式壳管形和卧式壳管形两种：前者用于氨制冷系统，后者（见图 5-30）在氨和氟利昂制冷系统中均可使用。这两种冷凝器都是用水作为冷却介质的，冷却水通过圆形外壳内的许多钢管，制冷剂蒸气在管外空隙处冷凝。常用几种型号冷凝器的规格尺寸和在空调制冷系统中与压缩机的匹配关系见表 5-10 和表 5-11。有些卧式冷凝器常与压缩机组成一体，称为压缩冷凝机组，这样既节省占地面积，又便于施工安装。

型 号	特 点	制冷量 kW (10^4 kcal/h)			外形尺寸 长×宽×高 （mm×mm×mm）	注
		氨	R_{12}	R_{22}		
8AS12.5	开启式	579 (49.8)			2505×1472×1580	型号代表如下
6AW12.5	开启式	442 (38.0)			2480×1330×1480	
4AV12.5	开启式	278 (23.9)			2100×980×1410	
4FV10	开启式压缩冷凝机组		105 (9.0)	163 (14.0)	1820×787×1305	①—气缸数目；
2FV10	开启式压缩冷凝机组		52 (4.5)		1525×720×1400	②—制冷剂（A-氨 F-氟利昂）；
8FS7B	半封闭式压缩冷凝机组		79 (6.8)	122 (10.5)	1920×620×1170	③—气缸布置形式；④—气缸的直径（cm）

型 号	D×H（mm×mm）	相匹配的压缩机	型 号	D×H（mm×mm）	相匹配的压缩机
立式冷凝器 LN-75	780×4800	4AV12.5	卧式冷凝器 WN78/8	670×5396	4AV12.5
立式冷凝器 LN-125	1020×4800	6AW12.5	卧式冷凝器 WN110/8	820×5386	6AW12.5
立式冷凝器 LN-125	1080×4830	8AS12.5	卧式冷凝器 WN140/8	900×5412	8AS12.5

2. 蒸发器

蒸发器有两种类型：一种是直接用来冷却空气，即直接蒸发式表面冷却器，这种类型的蒸发器只能用于无毒害的氟利昂制冷系统，直接装在空调机房的空气处理室中；另一种是冷却盐水或普通水用的蒸发器，在这种类型的蒸发器中，氨制冷系统常采用一种水箱式蒸发器（或称冷水箱），其外壳是一个矩形截面的水箱，内部装有直立管组或螺旋管组。几种型号蒸发器的规格尺寸见表 5-12。另外，还有一种卧式壳管形蒸发器，可用于氨和氟利昂制冷系统。

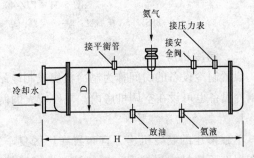

图 5-30　卧式壳管型冷凝器外形

3. 贮液器

贮液器是一个卧式圆筒形容器。两种氨贮液器的规格尺寸见表 5-13。

表 5-12	水 箱 式 蒸 发 器	
型 号	长×宽×高 （mm×mm×mm）	相匹配的压缩机
SR-90	4350×1100×1260	4AV12.5
SR-145	3590×2100×1260	6AW12.5
SR-180	4350×2100×1260	8AS12.5

表 5-13	氨贮液器的规格尺寸	
型 号	直径×长 （mm×mm）	相匹配的压缩机
ZA-1	700×2990	4AV12.5 或 6AW12.5
ZA-1.5	700×4190	8AS12.5

以上是对活塞式压缩机及其热交换设备和个别辅助设备的简要介绍。在组成一个空调制冷系统时，应通过计算合理选择各种设备，并设计各有关的连接管道系统。

制冷机组就是将制冷系统中的部分设备或全部设备组装在一起，成为一个整体。其特点是结构紧凑、使用灵活、管理方便，而且占地面积小，安装简单。

前面提到压缩冷凝机组，就是制冷机组的一种形式，它将压缩机、冷凝器等组装成一个整体，可为各种类型的蒸发器连续供应液体制冷剂。此外，目前广泛应用的冷水机组也是制冷机组的一种形式，它是将压缩机、冷凝器、冷水用蒸发器以及自动控制元件等组装成一个整体，专门为空调箱或其他工艺过程提供不同温度的冷水。

作为举例，图 5-31 所示的是 FJZ-40 型冷水机组的外形图。该机组的制冷量为 454kW（3.9×10^5kcal/h），使用的制冷剂为 R_{22}，配用电动机的安装功率为 115kW，冷水温度为出口水温 7℃，回水温度 12℃，冷却水温度为 32℃。

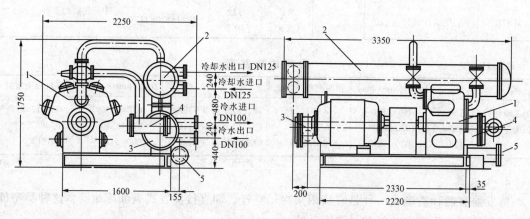

图 5-31　FJZ-40 型冷水机组外形
1—8FS12.5A 压缩机；2—冷凝器；3—蒸发器；4—热交换器；5—干燥过滤器

二、制冷机房

设置制冷设备的房间称为制冷机房或制冷站。小型制冷机房一般附设在主体建筑内，氟利昂制冷设备也可设在空调机房内。规模较大的制冷机房，特别是氨制冷机房，应单独修建。

1. 对制冷机房的要求

单独修建的制冷机房，宜布置在厂区夏季主要风向的下风侧，如在动力站区域内，一般应布置在乙炔站、锅炉房、煤气站、堆煤厂等的上风侧，以保持制冷机房的清洁。

氨制冷机房不应靠近人员密集的房间或场所，以及有精密贵重设备的房间等，以免发生事故时造成重大损失。

制冷机房应尽可能设在冷负荷的中心处，力求缩短冷水冷却水管路。当制冷机房是全厂的主要用电负荷时，还应尽量靠近变电站。

规模较小的制冷机房可以不分隔间。规模较大的，按不同情况可分为机器间（布置制冷压缩机和调节站）、设备间（布置冷凝器、蒸发器、贮液器等设备）、水泵间（布置水泵和水箱）、变电间（耗电量大时应有专用变压器）以及值班室、维修室和生活间等。

氨压缩机室的房间净高不低于 4m；氟利昂压缩机室的房间净高不低于 3.2m；设备间的

房间净高一般不低于 2.5～3.0m。

制冷机房的防火要求应按现行的《建筑设计防火规范》执行。

制冷机房应有每小时不少于 3 次换气的自然通风措施，氨制冷机房还应有每小时不少于 7 次换气的事故通风设备。

制冷机房的机器间和设备间应充分利用天然采光，窗孔投光面积与地板面积的比例不小于 1：6。采用人工照明时的照度，建议按表 5-14 选用。

表 5-14   制冷机房的照度标准

房间名称	照度标准（lx）	房间名称	照度标准（lx）	房间名称	照度标准（lx）
机器间	30～50	水泵间	10～20	值班室	20～30
设备间	30～40	维修间	20～30	配电间	10～20
控制间	30～50	贮存间	10～20	走　廊	5～10

注　对于测量仪表比较集中的地方，或者室内照明对个别设备的测量仪表照度不足时，应增设局部照明。

2. 设备布置的原则

机房内的设备布置应保证操作、检修方便，同时应尽可能地使设备布置紧凑，以节省建筑面积。压缩机必须设在室内，立式冷凝器一般都设在室外，其他设备可酌情设在室外或开敞式的建筑中。

图 5-32 所示是将氟利昂制冷系统与空调设备布置在同一机房的一个小型空调制冷机房的布置举例。其中装有 LH48 及 KD10/1-L 型立柜式空调机组供电子计算机房使用，电子计算机房位于二层楼上。图 5-33 所示是单独建筑的配有三套 8AS17 型氨制冷压缩机的机房布置实例。

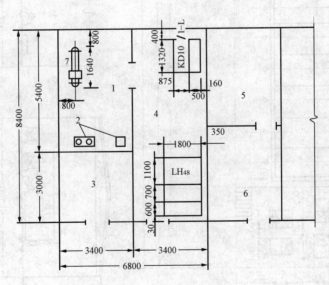

图 5-32　小型空调制冷机房

1—压缩机间及电源间；2—计算机电源设备；3—辅助间；4—空调机间；5—贮存间；6—穿孔间；7—2F10 制冷压缩机

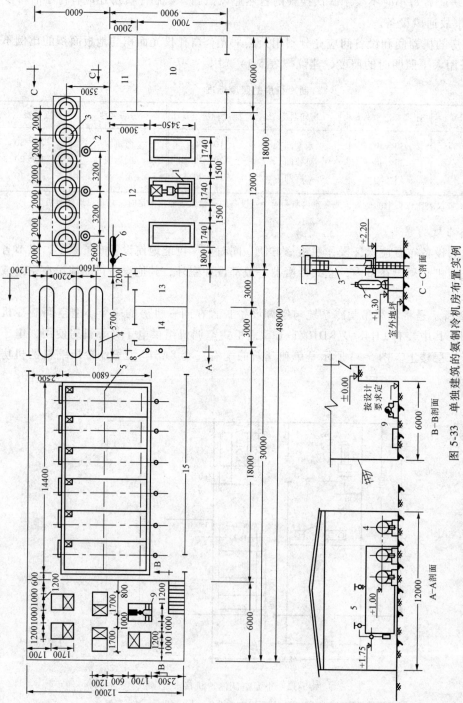

图 5-33 单独建筑的氨制冷机房布置实例

1—8AS17 压缩机；2—氨油分离器 YF-125；3—立式冷凝器 LN-150；4—氨贮液器 ZA-5.0；5—立式蒸发器 LZ-240；6—空气分离器 KF-32；7—水封；8—集油器 JY-300；9—冷冻水泵；10—变电站；11—贮存室；12—机器间；13—值班室；14—维修室；15—设备间

第五节　常用的几种空调系统简介

一、集中式恒温恒湿空调系统

集中式恒温恒湿空调系统是应用最为广泛的一种工艺性空调系统。

恒温恒湿空调系统，如前所述，是指严格控制室内空气的温度和相对湿度（特别是指空气的温度）恒定在一定范围内的空调系统。室内温度、湿度基数和允许波动范围，取决于生产工艺的实际需要以及考虑必要的卫生条件。有的恒温恒湿室要求常年运行，并维持全年不变的温度、湿度基数及其允许的波动范围值；也有的可以间歇运行，并且夏季和冬季有不同的温度、湿度要求。

恒温恒湿室除对温度、湿度有严格要求外，对于空气的洁净度和设备的消声减振等方面一般也有一定程度的要求。

为了达到恒温恒湿的要求，并提高空调系统的经济性，必须在建筑热工、空气处理、气流组织和运行管理等各方面采取一些必要的综合性措施。

对恒温恒湿室的建筑处理，包括建筑布置和建筑热工要求，在本章第三节中已作了一些说明。这里再补充几点。

在布置空调房间时，应尽量将高精度的恒温恒湿室布置在精度较低的各空调房间之中，也就是将精度较低的恒温恒湿室作为高精度恒温恒湿室的邻室或套间。这样，就能使高精度恒温恒湿室减轻室外气候变化的干扰，减小室内温、湿度的波动范围，从而使控制系统的工作比较稳定，易于保证精度要求。也可以做回风夹层（见图5-34），利用恒温恒湿室本身的回风包围恒温恒湿室，以减轻外界不稳定热源的干扰。

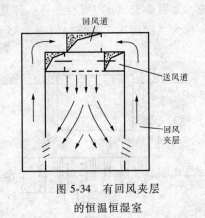

图 5-34　有回风夹层
的恒温恒湿室

此外，在条件允许时，也可以将高精度恒温恒湿室布置在地下室中，这样既能减少空调负荷，也有利于对空调精度的控制。

恒温恒湿室内的气流组织方式可以参阅本章第三节中的有关内容。恒温恒湿室的空调送风量应根据房间的热、湿负荷通过计算来确定。为了保持工作区内均匀、稳定的温、湿度场，以及保证自动控制系统的调节品质，所采用的空调送风量及其送风温差（即夏季室温与送风温度的差值）一般应符合表5-15的要求。

表 5-15　　　　　　　　　　　送风温差与换气次数

室温允许波动范围（℃）	送风温差（℃）	换气次数（次/h）
>±1	人工冷源≤15；天然冷源采用可能的最大值	
±1	6~10	不小于5
±0.5	3~6	不小于8
±0.1~0.2	2~3	不小于12

为节省处理空气所消耗的冷量和热量，空调系统除在不允许重复使用室内空气的场合（如室内产生有害气体）外，一般都尽量使用回风。回风量的多少通常是根据必需的新风量确定的，新风量应不小于以下两项风量中任何一项的值。

　　(1) 按卫生标准，应保证每人不少于 $30\sim40\text{m}^3/\text{h}$。

　　(2) 补偿局部排风、全面排风和保持室内正压（以防止外界环境空气渗入空调房间）所需风量的总和。

　　恒温恒湿室的室内正压值，一般以 $5\sim10\text{Pa}$（$0.5\sim1\text{mmH}_2\text{O}$）为宜。概略计算时，为保持上述正压所需的风量可按表 5-16 中的换气次数确定。

表 5-16　　　　　　　　　　　　　保持室内正压所需的风量

房间特征	换气次数（次/h）	房间特征	换气次数（次/h）
无外门、无窗	0.25~0.5	无外门、两面墙上有窗	1.0~1.5
无外门、一面墙上有窗	0.5~1.0	无外门、三面墙上有窗	1.5~2.0

　　集中式恒温恒湿空调系统所采用的空气处理方案，根据对回风使用情况的不同可分为两种类型：一种是将回风全部引至空调箱的前端，集中一次使用，这样的系统称为一次回风式系统，如图 5-35（a）所示；另一种是将回风分在两处使用，即分别引至空调箱的前端和尾部，称为二次回风式系统，如图 5-35（b）所示。

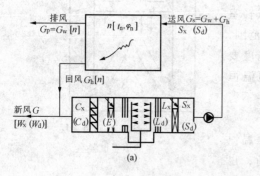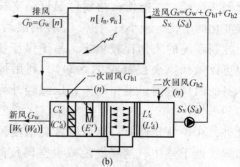

图 5-35　集中式恒温恒湿空调系统使用喷水室的空气处理流程
（a）一次回风式系统；（b）二次回风式系统

二、大型公共建筑的空调系统

　　大型公共建筑中的空调属于舒适性空调。舒适性空调对室内空气的参数不要求恒定，而是相应于季节的变化有着较大幅度的变化。夏季室温一般以 $26\sim28\text{℃}$ 为宜，相对湿度不超过 65%；冬季室温为 $18\sim22\text{℃}$，相对湿度不低于 40%。

　　由于人们在这类建筑中停留的时间不会很长，因此，为减轻空气处理设备的负荷，可适当减少新风量，通常按吸烟或不吸烟的情况采用 $8\sim20\text{m}^3/$（h·人）进行设定。表 5-17 所列的数据可供参考。

表 5-17			某些房间空调系统中的最小新风量		
房间名称	最小新风量 [m³/（h·人）]	吸烟情况	房间名称	最小新风量 [m³/（h·人）]	吸烟情况
影剧院	8.5	无	舞厅	18	无
体育馆	8	无	小卖部	8.5	无
图书馆、博物馆	8.5	无	会议室	50	大量
百货商店	8.5	无	办公室	25	无
高级旅馆客房	30	少量	医院一般病房	17	无
餐厅	20	少量	医院特护病房	40	无

大型公共建筑空调系统的送、回风方式，常采用上送下回、喷口送风或是这两者相结合的形式。

图 5-36 所示是影剧院的观众厅采用分区调节的上送下回的一种气流组织方案。送风口应在顶棚上均匀布置，而下部的回风口可以均匀布置，也可以集中布置。

对噪声要求不严格的电影院，亦可采用喷口送风的方式，如图 5-37 所示。这种场合下通常是从后部送风，回风口设在同一墙面的下部，这样机房和管道的布置最为紧凑，因而比较经济。

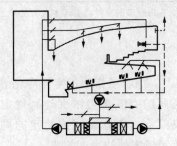

图 5-36 观众厅采用上送下回
的气流组织方式

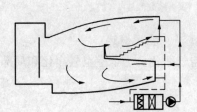

图 5-37 观众厅采用喷口送风的
气流组织方式

图 5-38 所示是某体育馆采用喷口送风与顶部下送相结合的送、回风方式示意图。该体

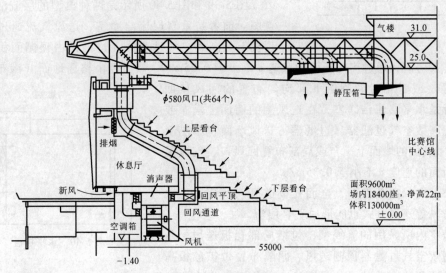

图 5-38 某体育馆空调系统的送、回风方式

育馆的比赛大厅是个圆形建筑，直径为 110m。喷口沿大厅周围布置，共 64 个，直径为 580mm。此外，在顶棚处装置静压箱，下有条缝形风口向下送风。回风口布置在四周座位台阶的直面上。

三、净化空调工程

这里所介绍的净化空调，是针对洁净室中的空调系统而言的。所谓洁净室，是指根据需要，对空气中的尘粒、温度、湿度、压力和噪声进行控制的密闭空间，并以其空气洁净度等级符合规范规定为主要特征。

1. 空气洁净度等级

根据我国国家标准《洁净厂房设计规范》（GBJ73—1984），洁净厂房中的空气洁净度，应按表 5-18 的规定划分为四个等级。

表 5-18　　　　　　　　　　　　空 气 洁 净 度 等 级

等 级	每 m^3（每 L）空气中 ≥0 5μm 尘粒数	每 m^3（每 L）空气中 ≥5μm 尘粒数	等 级	每 m^3（每 L）空气中 ≥0 5μm 尘粒数	每 m^3（每 L）空气中 ≥5μm 尘粒数
100 级	≤35×100　（3.5）		10000 级	≤35×10000　（350）	≤2500　（2.5）
1000 级	≤35×1000　（35）	≤250　（0.25）	100000 级	≤35×100000　（3500）	≤25000　（25）

注　对于空气洁净度为 100 级的洁净室内大于等于 5μm 尘粒的计数，应进行多次采样，当其多次出现时，方可认为该测试数值是可靠的。

2. 净化空调概述

空气净化分为全室空气净化和局部空气净化两种类型。前者是指通过空气净化等技术措施，使室内整个空间的空气含尘浓度达到规定的洁净度等级；后者是仅使室内工作区域或特定的局部空间的空气含尘浓度达到规定的洁净度等级。

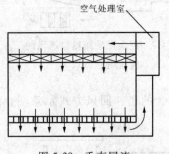

图 5-39　垂直层流

洁净室内的气流流型，有层流和乱流两种类型。层流是指空气以均匀的断面速度沿平行流线流动；乱流则是空气以不均匀的速度呈不平行的流线流动。

图 5-39 和图 5-40 所示是两种典型的层流洁净室示意图。前者是垂直层流洁净室，送风气流通过满布于顶棚上的高效空气过滤器（过滤器占顶棚面积不小于 60%）进入房间，通过房间断面的风速 v 不小于 0.25m/s，然后经由格栅地面（满布或均匀局部布置）或者相对两侧墙下部均匀布置的回风口回风；后者是水平层流洁净室，在送风侧的墙面上满布或局部布置高效空气过滤器（过滤器占送风墙面积不小于 40%），回风侧的墙面上满布或局部布置回风口，气流通过房间断面的速度 v 不小于 0.35m/s。

此外，在一定条件下，全面孔板送风以及流线型散流器下送风等送风方式也能形成垂直层流。

洁净室内所采用的流线型，包括局部孔板送风、条形布置高效空气过滤器顶棚送风、间隔布置带扩散板高效空气过滤器顶棚送风（见图 5-11）以及侧向送风等方式。

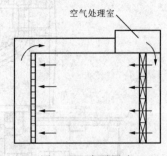

图 5-40　水平层流

对于不同空气洁净度等级的洁净室，其气流组织方式和送风量的确定，可查阅规范GBJ73—84。

为保证洁净室的正常工作，必须严格防止外界灰尘进入洁净室和尽量避免洁净室及净化空调系统本身产生灰尘。为此，应采取一系列必要的措施，具体介绍如下。

（1）洁净室必须维持一定的正压。

（2）为防止操作人员带入灰尘以及非洁净区的空气进入洁净室，应在洁净区人员入口处设置空气吹淋室，当仅为100级垂直层流洁净室时，可改设气闸室。

空气吹淋室是强制吹除工作人员及其衣服上附着尘粒的设备，同时由于它的两道门是不同时开启的，故又可起到气闸的作用。空气吹淋室一般分为小室式（吹淋过程是间歇的）和通道式（吹淋过程是连续的）两类。一个吹淋室的最大班次通过人员在30人以内时，通常采用"单人"小室式空气吹淋室，其外形尺寸大致为宽×长×高为1.6m×1.1m×2.3m。气闸室是由设有连锁装置的两道门所构成的一个缓冲室，其大小取决于进出人员的多少和物品的大小与多少。

（3）对于非连续运行的洁净室，在非工作期间同样宜维持室内正压，为此，可以根据生产工艺要求设置值班风机，并应对新风进行处理。

（4）为防止局部排风系统停止工作时可能发生的室外空气倒灌，一般应在排风系统中设置起逆止作用的水（液）封或密闭阀门。

（5）净化空调系统应力求严密，并且风管、阀门和其他部件均应选用不易起尘和便于清扫的材料制作。

在洁净室的工程实践中，除采用土建式结构外，还可以采用装配式结构。目前，国内生产的各种型号的装配式洁净室，可以达到100级空气洁净度的指标。装配式洁净室具有安装周期短、对安装现场的建筑装修要求不高以及拆卸方便等优点。

鉴于整体式洁净室的造价和维修管理要求都很高，因此，在工艺条件允许时，应尽量不用或少用较高级别的洁净室，而采用局部空气净化或者局部空气净化与全室空气净化相结合的方式，即在级别较低的洁净室中另设局部空气净化设备。

局部空气净化设备，如洁净工作台，是定型生产的小型空气净化系统，可以在局部空间实现100级空气洁净度的指标。

3. 洁净厂房的总体设计以及对建筑的要求

（1）洁净厂房位置的选择，应根据以下要求并经技术经济方案比较后确定。

1）应在大气含尘浓度较低，自然环境较好的区域。

2）应远离铁路、码头、飞机场、交通要道以及散发大量粉尘和有害气体的工厂、贮仓、堆场等有严重空气污染、振动或噪声干扰的区域。如不能远离严重空气污染源，则应位于其最大频率风向的上风侧，或全年最小频率风向的下风侧。

3）应布置在厂区内环境清洁，人流、货流不穿越或少穿越的地段。

对于兼有微振控制要求的洁净厂房的位置选择，应实际测定周围现有振源的振动影响，并应与精密设备、精密仪器仪表允许的环境振动值进行分析比较。

洁净厂房周围应进行绿化。道路面层应选用整体性好、发尘量少的材料。

（2）工艺布置应符合以下要求。

1）工艺布置合理、紧凑。洁净室或洁净区内只布置必要的工艺设备以及有空气洁净度等级要求的工序和工作室。

2）在满足生产工艺要求的前提下，空气洁净度高的洁净室或洁净区宜靠近空调机房，空气洁净度等级相同的工序和工作室宜集中布置，靠近洁净区入口处宜布置空气洁净度等级较低的工作室。

3）洁净室内要求空气洁净度高的工序应布置在上风侧，易产生污染的工艺设备应布置在靠近回风口的位置。

4）应考虑大型设备安装和维修的运输路线，并预留设备安装口和检修口。

5）应设置单独的物料入口，物料传递路线应最短，物料进入洁净区之前必须进行清洁处理。

（3）洁净厂房的平面和空间设计，宜将洁净区、人员净化、物料净化和其他辅助用房进行分区布置；同时，应考虑生产操作、工艺设备安装和维修、气流组织形式、管线布置以及净化空调系统等各种技术措施的综合协调效果。

（4）洁净厂房的建筑平面和空间布局，应具有适当的灵活性，洁净区的主体结构不宜采用内墙承重；洁净室的高度应以净高控制，净高应以 100mm 为基本模数；洁净厂房主体结构的耐久性与室内装备和装修水平相协调，并应具有防火、控制温度变形和不均匀沉陷等性能，厂房变形缝应避免穿过洁净区。

（5）洁净厂房内应设置人员净化、物料净化用室和设施，并应根据需要设置生活用室和其他用室。人员净化用室和生活用室的布置一般按图 5-41 所示的人员净化程序进行。

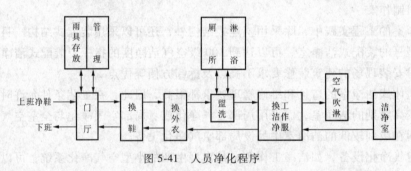

图 5-41　人员净化程序

（6）洁净厂房的建筑围护结构和室内装修，应选用气密性良好，且在温度、湿度等变化作用下变形小的材料；室内墙壁和顶棚的表面应符合平整、光滑、不起尘、避免眩光和便于除尘等要求；地面应符合平整、耐磨、易除尘清洗、不易积聚静电、避免眩光并有舒适感等要求。

（7）洁净车间的密闭性高于一般空调车间，人员流动路线复杂，因此，对防火问题应特别予以重视；同时，应根据洁净车间的面积大小和工艺性质，开设一个或几个安全出口，以便于事故情况下使用。具体设计应按规范 GBJ73—1984 的规定进行。

四、分散式空调系统——空调机组

空调机组，是将一个空调系统连同相匹配的制冷系统中的全部设备或部分设备配套组装，形成整体，而由工厂定型生产的一种空气调节设备。将空调和制冷系统中的全部主要设备都组装在同一个箱体内的，称为整体空调机组；而将空调器和压缩冷凝机组分作两个组成部分的，称为分离式空调机组。

空调机组由于具有结构紧凑、体积较小、安装方便、使用灵活以及不需要专人管理等特点，因此在中、小型空调工程中的应用非常广泛。

空调机组的种类有很多，大致可以进行以下的分类。

（1）按容量大小，分为立柜式和窗式。

（2）按制冷设备冷凝器的冷却方式，分为水冷式和风冷式。

（3）按用途不同，分为恒温恒湿机组和冷风机组。

（4）按供热方式不同，分为普通式和热泵式。

现简要介绍如下。

1. 立柜式恒温恒湿机组

图5-42所示是一种整体立柜式恒温恒湿空调机组的构造简图。该机组是将空气处理、制冷和电气控制等三个系统全部组装在一个箱体内的，此外，在风管中尚有电加热器。这类机组能自动调节房间内空气的温度和相对湿度，以满足房间在全年内的恒温恒湿要求。室温一般控制在（20～25℃）±1℃，相对湿度控制在（50%～80%）±10%。不同型号的产冷量和送风量大小不等，目前，国内产品的冷量为7～116kW（6000～100000kcal/h），风量为1700～18000m³/h。

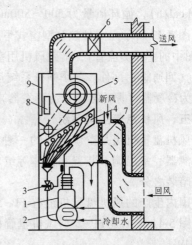

图 5-42　恒温恒湿空调机组

1—氟利昂制冷压缩机；2—水冷式冷凝器；3—膨胀阀；4—蒸发器；5—风机；6—电加热器；7—空气过滤器；8—电加湿器；9—自动控制屏

不同型号的立柜式恒温恒湿空调机组，在构造上有整体式和分离式两种类型。此外，根据供热方式的不同，又分为普通式和热泵式两种型式。前者制冷系统只在夏季运行，冬季用电加热器供热（见图5-42）；而后者则是制冷系统全年运行，夏季制冷，冬季供热（其工作原理见图5-43）。

2. 立柜式冷风机组

这类空调机组没有电加热器和电加湿器，一般也没有自动控制设备，只能供一般空调房间夏季降温减湿用。各种型号的产冷量为 3.5～210kW（3000～180000kcal/h）。

冷风机组的组装形式，也有整体立柜和分组组装式之分。但是除此之外，还有些冷风降温设备是

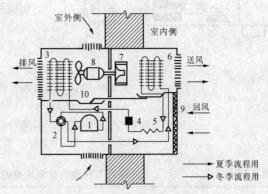

图 5-43　热泵型窗式空调器

1—全封闭式氟利昂压缩机；2—四通换向阀；3—室外侧盘管；4—制冷剂过滤器；5—节流毛细管；6—室内侧盘管；7—风机；8—电动机；9—空气过滤器；10—凝结水盘

属于散装式的，即厂家供应配套设备，包括压缩机、冷凝器、蒸发器以及相应的各种配件，而由用户自行组装成系统。

3. 窗式空调器

窗式空调器是可以装在窗上或窗台下预留孔洞内的一种上型空调机组。

根据组成结构的不同，窗式空调器有降温、供暖和恒温等多种功能。机组的恒温，又分为常年恒温（制冷—热泵系统或是制冷系统，另配电加热器）和仅用于室内降温情况下的恒温（制冷系统不配置电加热器）。目前，国产窗式恒温空调器，一般可控制室温范围为 $(20\sim28℃)\pm(1\sim2)℃$，产冷量为 3.5kW（3000kcal/h），产热量为 $3.5\sim4$kW（$3000\sim3500$kcal/h），循环风量为 $500\sim800$m³/h。

图 5-42 所示是一种热泵型窗式恒温空调器的结构示意图。制冷系统中采用风冷式冷凝器（即图中的室外侧盘管），借助风机用室外空气冷却冷凝器。此外，还增设了一个四通电磁换向阀（四通阀）部件。冬季制冷系统运行时，将四通阀转向，使制冷剂逆向循环，把原蒸发器作为冷凝器（原冷凝器作为蒸发器），这样，空气通过时便被加热，以作供暖使用。

五、风机盘管空调系统

风机盘管机组是空调系统的一种末端装置，由风机、盘管（换热器）以及电动机、空气过滤器、室温调节装置和箱体等组成。其形式有立式和卧式两种，在安装方式上又都有明装和暗装之分。

国内生产的风机盘管机组有 FP-5、F-79、FPG-2、FP-2、FP-83 以及 K 型等多种型号。图 5-44 所示是 FP-5 型风机盘管机组的构造简图。部分型号风机盘管的主要技术性能见表 5-19。

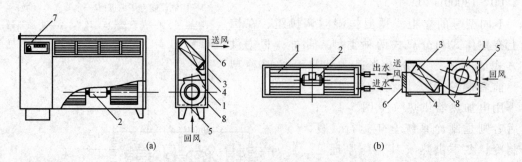

图 5-44 FP-5 型风机盘管机组构造示意

(a) 立式明装；(b) 卧式暗装

1—双进风多叶离心式风机；2—低噪声电动机；3—盘管；4—凝水盘；
5—空气过滤器；6—出风格栅；7—控制器（电动阀）；8—箱体

表 5-19　　　　　　　　　国内几种风机盘管机组的主要技术性能

型号	产冷量 kW（kcal/h）	加热量 kW（kcal/h）	风量（m³/h）	噪声 A 声级（dB）	尺　寸（mm）		
					高（长）	宽	厚
FP-5							
卧式暗装	$2.33\sim2.9$ （$2000\sim2500$）	$3.5\sim4.65$ （$3000\sim4000$）	≈500	$29\sim43$	600	990	220
立式明装	$2.33\sim2.9$ （$2000\sim2500$）	$3.5\sim4.65$ （$3000\sim4000$）	≈500	$30\sim45$	615	990	235

型号	产冷量 kW（kcal/h）	加热量 kW（kcal/h）	风 量 （m³/h）	噪 声 A 声级（dB）	尺 寸（mm）		
					高（长）	宽	厚
F-79							
卧式暗装	3.6 （3100）	7.0 （6000）	530	23～35	595	930	288
立式明装	3.6 （3100）	7.0 （6000）	530	23～35	710	1000	250
FPG-2							
立式明装	3.14 （2700）		700	29～43	630	1040	230
FP-2							
立式明装	2.33～2.56 （2000～2200）	5.12～6.05 （4400～5200）	470		650	1010	220
K-5							
卧式暗装	2.6 （2250）	3.26 （2800）	400	28～36	480	830	230
立式明装	2.6 （2250）	3.26 （2800）	400	28～36	636	1000	205
FP-83	2.56～5.47 （2200～4700）	3.84～6.28 （3300～5400）	450～1200				

　　风机盘管空调系统的工作原理，就是借助风机盘管机组不断地循环室内空气，使之通过盘管而被冷却或加热，以保持房间要求的温度和一定的相对湿度。盘管使用的冷水和热水，由集中冷源和热源供应。机组一般设有三挡（高、中、低档）变速装置，可调整风量的大小，以达到调节冷、热量和噪声的目的。有些型号的机组还另外配带室温自动调节装置，可以控制室温在（16～28℃）±1℃。

　　采用风机盘管空调系统时，新风的补给，常用以下两种方式进行。

　　（1）从墙洞引入新风。如图5-45所示，在立式机组的背后墙壁上开设新风采气口，并用短管与机组相连接，就地引入室外空气。为防止雨、虫、噪声等影响，墙上应设进风百叶窗，短管部分应有粗效过滤器等。这种做法常用于要求不高或者是在旧有建筑中增设空调的场合。

　　（2）设置新风系统。在要求较高的情况下，宜设置单独的新风系统，即将新风经过集中处理后分别送入各个房间。如图5-46所示，新风可用侧送风口送入，风口紧靠在机组的出口处，以便于两股气流能够很好地混合。

　　风机盘管空调系统具有布置和安装方便、占用建筑空间小、单独调节性能好、无集中

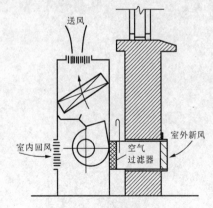

图 5-45　从墙洞引入新风的风机盘管空调系统

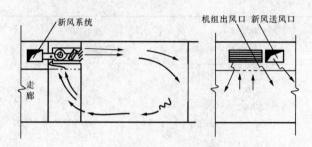

图 5-46　设有新风系统的风机盘管空调系统

式空调的送风、回风风管以及各房间的空气互不串通等优点。目前,它已成为国内外高层建筑的主要空调方式之一。对于需要增设空调的一些小面积、多房间的旧有建筑,采用这种方式也是可行的。

第六章

怎样看煤气供应图

第一节 煤气供应概述

气体燃料较之液体燃料和固体燃料具有更高的热能利用率，燃烧温度高，火力调节容易，使用方便，易于实现燃烧过程自动化，燃烧时没有灰渣，清洁卫生，而且可以利用管道和瓶装供应。在工业生产上，煤气供应可以满足多种生产工艺（如玻璃工业、冶金工业、机械工业等）的特殊要求，可达到提高产量、保证产品质量以及改善劳动条件的目的。在人民日常生活中应用煤气作为燃料，对改善人民生活条件，减少空气污染和保护环境，都具有重大的意义。

煤气和空气混合到一定比例时，即易引起燃烧或爆炸，其火灾危险性较大，且人工煤气具有强烈的毒性，容易引起中毒事故。所以，对于煤气设备及管道的设计、加工和敷设，都有严格的要求，同时必须加强维护和管理工作，防止漏气。

一、煤气种类及特性

煤气是一种气体燃料，根据来源的不同，主要有人工煤气、液化石油气和天然气三大类。

（1）人工煤气是将矿物燃料（煤、重油等）通过热加工而得到的。通常使用的有干馏煤气（如焦炉煤气）和重油裂解气。

1）将煤放在专用的工业炉中，隔绝空气，从外部加热，分解出来的气体经过处理后，可分别得到煤焦油、氨、粗萘、粗苯和干馏煤气。剩余的固体残渣即为焦炭。用于干馏煤气的工业炉有炼焦炉、连续式直立炭化炉和立箱炉等，一般采用炼焦炉，其干馏煤气称为焦炉煤气。

2）将重油在压力、温度和催化剂的作用下，使分子裂变而形成可燃气体。这种气体经过处理后，可以分别得到煤气、粗苯和残渣油。重油裂解气也叫油煤气或油制气。

3）将煤或焦炭放入煤气发生炉，通入空气、水蒸气或二者的混合物，使吹过赤热的煤（焦）层，在空气供应不足的情况下进行氧化和还原作用，生成以一氧化碳和氢为主的可燃气体，称为发生炉煤气。由于它的热值低，一氧化碳含量高，因此不适合于作为民用煤气，多供工业用气。

此外，还有从冶金生产或煤矿矿井得到的煤气副产物，称为副产煤气或矿井气。

人工煤气具有强烈的气味及毒性，含有硫化氢、萘、苯、氨、焦油等杂质，容易腐蚀及堵塞管道，因此，人工煤气需加以净化后才能使用。

供应城市的人工煤气要求低发热量在标准状态下为 14654kJ/m³（3500kcal/m³）以上。一般焦炉煤气的低发热量在标准状态下为 17585～18422kJ/m³（4200～4400kcal/m³）。重油裂解气的低发热量在标准状态下为 $16747\sim20515kJ/m^3$（$4000\sim4900kcal/m^3$）。

（2）液化石油气是在对石油进行加工处理过程中（如减压蒸馏、催化裂化、铂重整等）所获得的副产品。它的主要组分是丙烷、丙烯、正（异）丁烷、正（异）丁烯、反（顺）丁烯等。这种副产品在标准状态下呈气相，而当温度低于临界值时或压力升高到某一数值时呈液相。它的低发热量通常在标准状态下为 $83736\sim13044kJ/m^3$（$20000\sim27000kcal/m^3$）。

（3）天然气是指从钻井中开采出来的可燃气体。一种是气井气，是自由喷出地面的，即纯天然气；另一种是溶解于石油中，同石油一起开采出来后再从石油中分离出来的石油伴生气；还有一种是含石油轻质馏分的凝析气田气。它的主要成分是甲烷，低发热量在标准状态下约为 $33494\sim41868kJ/m^3$（$8000\sim10000kcal/m^3$）。天然气通常没有气味，故在使用时需混入某种无害而有臭味的气体（如乙硫醇 C_2H_5SH），以便于发现漏气，避免发生中毒或爆炸燃烧事故。

二、城市煤气的供应方式

1. 天然气、人工煤气的管道输送

天然气或人工煤气经过净化后即可输入城市煤气管网。城市煤气管网根据输送压力的不同可分为低压管网（$p\leqslant5kPa$）、中压管网（$5kPa<p\leqslant150kPa$）、次高压管网（$150kPa<p\leqslant300kPa$）和高压管网（$300kPa<p\leqslant800kPa$）。

城市煤气管网通常包括街道煤气管网和庭院煤气管网两部分。

在大城市里，街道煤气管网大都布置成环状，只是在边缘地区，才采用枝状管网。煤气由街道高压网或次高压管网，经过煤气调压站，进入街道中压管网。然后，经过区域的煤气调压站，进入街道低压管网，再经庭院管网而接入用户。临近街道的建筑物也可以直接由街道管网引入。在小城市里，一般采用中、低压或低压煤气管网。

庭院煤气管路是指煤气总阀门井以后至各建筑物前的户外管路，如图6-1所示。

当煤气进气管埋设在一般土质的地下时，可以采用铸铁管、青铅接口或水泥接口；亦可采用涂有沥青防腐层的钢管、焊接接头。如埋设在土质松软及容易受震地段，就应采用无缝钢管、焊接接头。阀门应设在阀门井内。

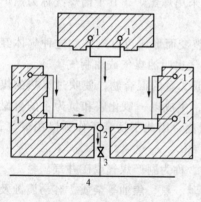

庭院煤气管敷设在土壤冰冻线以下 $0.1\sim0.2m$ 的土层内，根据建筑群的总体布置，庭院煤气管道宜与建筑物轴线平行，并埋于人行道或草地下，管道距建筑物基础应不小于 $2m$，与其他地下管道的水平净距为 $1.0m$，与树木应保持 $1.2m$ 的水平距离。庭院煤气管不能与其他室外地下管道同沟敷设，以免管道发生漏气时经地沟渗入建筑物内。根据煤气的性质及含湿状况，当有必要排除管网中的冷凝水时，管道应具有不小于 0.003 的坡度向凝水器。图6-2所示为低压凝水器构造图。凝结水应定期排除。

图6-1　庭院煤气管网

1—煤气立管；2—凝水器；
3—煤气阀门井；4—街道煤气管

2. 液化石油气瓶装供应

液态液化石油气在石油炼制厂产生后，可用管道、汽车或火车槽车、槽船运输到储备站或灌瓶站后再用管

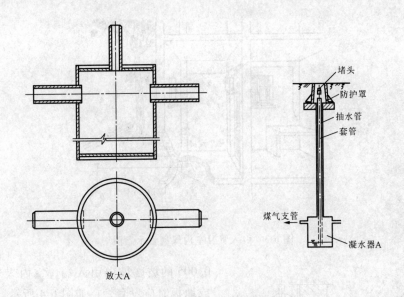

图 6-2　低压凝水器构造及安装示意图

道或钢瓶灌装，经供应站供应给用户。

供应站到用户根据供应范围、户数、燃烧设备的需用量大小等因素可采用单瓶、瓶组和管道系统。其中单瓶供应常采用 15kg 钢瓶一个连同燃具供应居民用，瓶组供应常采用钢瓶并联供应公共建筑或小型工业建筑的用户，管道供应方式适用于居民小区、大型工厂职工住宅区或锅炉房。

钢瓶内液态液化石油气的饱和蒸汽压按绝对压力计一般为 $70\sim800kPa$（$0.7\sim8kgf/cm^2$），靠室内温度可自然气化。但供煤气燃具及燃烧设备使用时，还要经过钢瓶上调压器减压到 $2.8kPa\pm0.5kPa$（$28mmH_2O\pm50mmH_2O$）。单瓶系统一般将钢瓶置于厨房，而瓶组供应系统的并联钢瓶、集气管及调压阀等应设置在单独房间。

管道供应系统是指液态的液化石油气经气化站（或混气站）生产的气态的液化石油气（或混合气）经调压设备减压后经输配管道、用户引入管、室内管网、煤气表送到燃具使用的系统。

钢瓶无论人工装卸还是机械装卸，都应严格遵守操作规定，禁止乱扔乱甩。

第二节　室内煤气管道

一、管道系统

用户煤气管由引入管进入房屋以后，到燃具燃烧器前算为室内煤气管。这一套管道是低压的。室内管多用普通压力钢管丝扣连接，埋于地下部分应涂防腐涂料。明装于室内管应采用镀锌普压钢管。所有煤气管不允许有微量漏气，以保证安全。引入管及室内煤气管示意如图 6-3 所示。

从庭院煤气管上接引入管，一定要从管顶接出，并且在引入管垂直段顶部以三通管件接横向管段，这样敷设可以减少煤气中的杂质和凝液进入用户并便于清通。引入管还应有

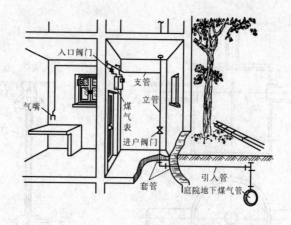

图 6-3　引入管及室内煤气管示意图

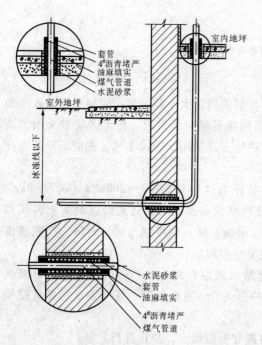

图 6-4　煤气管穿越墙壁和地板的做法

0.005 的坡度坡向引入端。室内煤气管穿墙壁或地板时应设套管，如图 6-4 所示。为了安全，煤气立管不允许穿越居室，一般可布置在厨房、楼梯间墙角处。进户干管应设不带手轮旋塞式阀门。立管上接出每层的横支管一般在楼上部接出，然后折向煤气表，煤气表上伸出煤气支管，再接橡皮胶管通向煤气用具。煤气表后的支管一般不应绕气窗、窗台、门框和窗框敷设。当必须绕门窗时，应在管道绕行的最低处设置堵头，以利排泄凝结水或吹扫使用。水平支管应具有坡度坡向堵头，如图 6-5 所示。

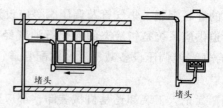

图 6-5　坡度坡向堵头

建筑物有可通风的地下室时，煤气干管可以敷设在这种地下室上部。不允许室内煤气干管埋于地面下或敷于管沟内。若公共建筑物地沟为通行地沟且有良好的自然通风设施时，可与其他管道同沟敷设，但煤气干管应采用无缝钢管，焊接连接。煤气管还应有 0.002～0.005 的坡度，坡向引入管。

二、煤气表

煤气表是计量煤气用量的仪表。我国目前常用的是一种干式皮囊煤气流量表，如图 6-6 所示。这种煤气表适用于室内低压煤气供应系统中。各种规格煤气表计量范围在 2.8～260m³/h。为保证安全，小口径煤气表一般挂在室内墙壁上，表底距地面 1.6～1.8m，煤气表到煤气用具的水平距离不得小于 0.8～1.0m。

三、室内煤气管道计算

室内煤气管道的计算项目有：确定煤气用量、确定管道计算流量、直径和管道压力损失。

民用建筑室内煤气管道的计算流量是根据煤气用具的种类、数量及其相应的煤气用量标准乘以同时工作系数而得到的。几种煤气用具的煤气用量标准见表6-1。居民生活用双眼灶同时工作系数见表6-2。

由于低压煤气引入管的压力是已知的，故可以根据允许压力损失来确定管径。为保证煤气用具能正常燃烧和使用时的安全，生活用煤气用具前所需煤气压力不宜超过 $80 \sim 100$ mmH$_2$O，也不应低于 60 mmH$_2$O。

为了简化计算，通常将上述公式绘制成低压煤气流量、管径及压力损失的关系图，读者可参阅煤气设计手册。

图6-6 干式皮囊煤气流量表

表6-1　　　　　　　　　　各种民用煤气用具的煤气用量标准

序号	名　称	型　号	煤气种类	煤气压力 （mmH$_2$O）	进气口接 胶管内径 （mm）	热负荷 （kJ/h）	煤气流量 （m³/h）	外形尺寸 长×宽×高 （mm×mm×mm）
1	搪瓷单眼	YZ-1型	液化石油气	280±50	9	9211	0.09	345×252×97
2	双　眼	YZ-2型	液化石油气	280±50	9	2×9211	2×0.09	660×330×125
3	双　眼	YZ-2型	焦炉煤气	80±20		2×11723	2×0.7	660×301×125
4	搪瓷双眼灶		焦炉煤气	100±50	3/8″管牙	2×10676	2×0.75	630×280×120
5	食堂三眼灶	YZ-3型	液化石油气	280±50		197617	1.84	1500×800×750
6	六眼灶	YZ-6K	焦炉煤气	80±20	接管直径2″	294751	17.6	2100×1520×860
7	150升开水炉	YL-150	液化石油气	280±50	8	133978	1.35	
8	150升开水炉	YL-150	焦炉煤气	80±20	25	167472	10	
9	小型热水器		焦炉煤气	100±50	½″	49823	3.5	450×330×150
10	煤气快速热水器							

表6-2　　　　　　　　　　居民生活用的煤气双眼灶同时工作系数

同类型燃具数	N	1	2	3	4	5	6	7	8	9	10	15	20	25
同时工作系数	K	1.00	1.00	0.85	0.75	0.68	0.64	0.60	0.58	0.55	0.54	0.48	0.45	0.43
同类型燃具数	N	30	40	50	60	70	80	100	200	300	400	500	600	1000
同时工作系数	K	0.4	0.39	0.38	0.37	0.36	0.35	0.34	0.31	0.30	0.29	0.28	0.26	0.25

第三节　煤　气　用　具

根据不同的用途，煤气用具的种类有很多。这里仅介绍住宅常用的几种煤气用具。

1. 厨房煤气灶

常见的是双火眼煤气灶，它由炉体、工作面及燃烧器三个部分组成。其他尚有三眼、六眼等多种民用煤气灶。各种煤气灶适用的煤气种类、额定煤气用量等性能参数见表6-1。

从使用安全考虑，家用厨房煤气灶，一般要靠近不易燃墙壁放置。煤气灶边至墙面要有50～100mm距离。大型煤气灶应放在房间的适中位置，以便于四周使用。

2. 煤气热水器

它是一种局部热水的加热设备，煤气热水器按其构造，可分为容积式和直流式两类。图6-7（a）所示为一种直流式煤气自动热水器。其外壳为白色搪瓷铁皮，内装有安全自动装置、燃烧器、盘管、传热片等，如图6-7（b）所示。目前国产家用煤气热水器一般为快速直流式热水器。

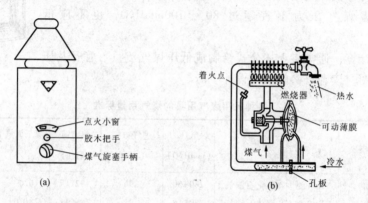

图6-7　直流式煤气热水器

容积式煤气热水器是一种能贮存一定容积热水的自动加热器。其工作原理是借调温器、电磁阀和热电偶联合工作，使煤气点燃和熄灭。

由于煤气燃烧后排出的废气成分中含有浓度不同的一氧化碳，且当其容积浓度超过0.16%时，呼吸20min，人就会在2h内死亡。因此，凡是设有煤气用具的房间，都应设有相应的良好通风措施。

为了提高煤气的燃烧效果，需要供给足够的空气，煤气用具的热负荷越大，所需的空气量也就越多。一般地说，设置煤气热水器的浴室，房间体积应不小于$12m^3$；当煤气热水器每小时消耗发热量较高的煤气约为$4m^3$时，需要保证每小时有3倍房间体积即$36m^3$的通风量。故设置小型煤气热水器的房间应保证有足够的容积，并在房间墙壁下面及上面，或者门扇的底部或上部，设置不小于$0.2m^2$的通风窗，如图6-8所示。应当注意的是，通风窗不能与卧室相通，门窗应朝外开，以保证安全。

在楼房内，为了排除燃烧烟气，当层数较少时，应设置各自独立的烟囱。砖墙内烟道的断面应不小于140mm×140mm。对于高层建筑，若每层设置独立的烟囱，在建筑构造上往往很难处理，可设置一根总烟道连通各层煤气用具，但一定要防止下面房间的烟气窜入上层设有煤气用具的房间。这些技术问题尚待进一步研究。图6-9所示的技术措施可供参考。图6-9中总烟道是一根通过建筑各层的，直径为300～500mm的管道。每层排除燃烧烟气的支烟道采用直径为100～125mm的管道且平行于总烟道。每层支烟道在其上面1～2层处接入总烟道，最上层的支烟道亦要升高，然后平行接入总烟道。

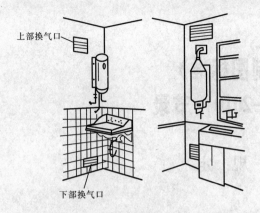

上部换气口

下部换气口

图 6-8　通风窗

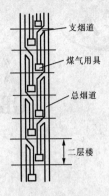

支烟道

煤气用具

总烟道

二层楼

图 6-9　总烟道装置

《暖通空调制图标准》
（GB/T 50114—2010）节录

2 一 般 规 定

2.1 图 线

2.1.1 图线的基本宽度 b 和线宽组，应根据图样的比例、类别及使用方式确定。

2.1.2 基本宽度 b 宜选用 0.18、0.35、0.5、0.7、1.0mm。

2.1.3 图样中仅使用两种线宽时，线宽相宜为 b 和 $0.25b$。三种线宽的线宽相宜为 b、$0.5b$ 和 $0.25b$，并符合表 2.1.3 的规定。

表 2.1.3 线 宽

线宽比	线宽组			
b	1.4	1.0	0.7	0.5
$0.7b$	1.0	0.7	0.5	0.35
$0.5b$	0.7	0.5	0.35	0.25
$0.25b$	0.35	0.25	0.18	(0.13)

注：需要缩微的图纸，不宜采用 0.18 及更细的线宽。

2.1.4 在同一张图纸内，各不同线宽级的细线，可统一采用最小线宽组的细线。

2.1.5 暖通空调专业制图采用的线型及其含义，宜符合表 2.1.5 的规定。

表 2.1.5 线 型 及 其 含 义

名称		线 型	线宽	一般用途
实线	粗	——————	b	单线表示的供水管线
	中粗	——————	$0.7b$	本专业设备轮廓、双线表示的管道轮廓
	中	——————	$0.5b$	尺寸、标高、角度等标注线及引出线；建筑物轮廓
	细	——————	$0.25b$	建筑布置的家具、绿化等；非本专业设备轮廓
虚线	粗	- - - - - - -	b	回水管线及单根表示的管道被遮挡的部分
虚线	中粗	- - - - - - -	$0.7b$	本专业设备及双线表示的管道被遮挡的轮廓
	中	- - - - - - -	$0.5b$	地下管沟、改造前风管的轮廓线；示意性连线
	细	- - - - - - -	$0.25b$	非本专业虚线表示的设备轮廓等
波浪线	中	～～～～～	$0.5b$	单线表示的软管
	细	～～～～～	$0.25b$	断开界线

名称	线 型	线宽	一般用途
单点长画线	———·———	0.25b	轴线、中心线
双点长画线	———··———	0.25b	假想或工艺设备轮廓线
折断线	——～——	0.25b	断开界线

2.1.6 图样中也可使用自定义图线及含义，但应明确说明，且其含义不应与本标准发生矛盾。

2.2 比 例

2.2.1 总平面图、平面图的比例，宜与工程项目设计的主导专业一致，其余可按表2.2.1选用。

表 2.2.1 比 例

图 名	常用比例	可用比例
剖面图	1:50、1:100	1:150、1:200
局部放大图、管沟断面图	1:20、1:50、1:100	1:25、1:30、1:150、1:200
索引图、详图	1:1、1:2、1:5、1:10、1:20	1:3、1:4、1:15

3 常 用 图 例

3.1 水、汽 管 道

3.1.1 水、汽管道可用线型区分，也可用代号区分。水、汽管道代号宜按表3.1.1采用。

表 3.1.1 水、汽 管 道 代 号

序号	代号	管道名称	备 注
1	RG	采暖热水供水管	可附加1、2、3等表示一个代号、不同参数的多种管道
2	RH	采暖热水回水管	可通过实线、虚线表示供、回关系省略字母G、H
3	LG	空调冷水供水管	—
4	LH	空调冷水回水管	—
5	KRG	空调热水供水管	—
6	KRH	空调热水回水管	—
7	LRG	空调冷、热水供水管	—
8	LRH	空调冷、热水回水管	—
9	LQG	冷却水供水管	—
10	LQH	冷却水回水管	—

序号	代号	管道名称	备 注
11	n	空调冷凝水管	—
12	PZ	膨胀水管	—
13	BS	补水管	—
14	X	循环管	—
15	LM	冷媒管	—
16	YG	乙二醇供水管	—
17	YH	乙二醇回水管	—
18	BG	冰水供水管	—
19	BH	冰水回水管	—
20	ZG	过热蒸汽管	—
21	ZB	饱和蒸汽管	可附加1、2、3等表示一个代号、不同参数的多种管道
22	Z2	二次蒸汽管	—
23	N	凝结水管	—
24	J	给水管	—
25	SR	软化水管	—
26	CY	除氧水管	—
27	GG	锅炉进水管	—
28	JY	加药管	—
29	YS	盐溶液管	—
30	XI	连续排污管	—
31	XD	定期排污管	—
32	XS	泄水管	—
33	YS	溢水（油）管	—
34	R_1G	一次热水供水管	—
35	R_1H	一次热水回水管	—
36	F	放空管	—
37	FAQ	安全阀放空管	—
38	O1	柴油供油管	—
39	O2	柴油回油管	—
40	OZ1	重油供油管	—
41	OZ2	重油回油管	—
42	OP	排油管	—

3.1.2 自定义水、汽管道代号不应与本标准第3.1.1条的规定矛盾，并应在相应图面说明。

3.1.3 水、汽管道阀门和附件的图例宜按表3.1.3采用。

表 3.1.3
水、汽管道阀门和附件图例

序号	名称	图 例	备 注
1	截止阀		—
2	闸阀		—
3	球阀		—
4	柱塞阀		—
5	快开阀		—
6	蝶阀		
7	旋塞阀		—
8	止回阀		
9	浮球阀		—
10	三通阀		—
11	平衡阀		—
12	定流量阀		—
13	定压差阀		—
14	自动排气阀		—
15	集气罐、放气阀		—
16	节流阀		—
17	调节止回关断阀		水泵出口用
18	膨胀阀		—
19	排入大气或室外		—
20	安全阀		—
21	角阀		—
22	底阀		—
23	漏斗		—
24	地漏		—
25	明沟排水		—
26	向上弯头		—
27	向下弯头		—
28	法兰封头或管封		—
29	上出三通		—

序号	名称	图　例	备　注
30	下出三通		—
31	变径管		—
32	活接头或法兰连接		—
33	固定支架		—
34	导向支架		—
35	活动支架		—
36	金属软管		—
37	可屈挠橡胶软接头		—
38	Y形过滤器		—
39	疏水器		—
40	减压阀		左高右低
41	直通型（或反冲型）除污器		—
42	除垢仪		—
43	补偿器		—
44	矩形补偿器		—
45	套管补偿器		—
46	波纹管补偿器		—
47	弧形补偿器		—
48	球形补偿器		—
49	伴热管		—
50	保护套管		—
51	爆破膜		—
52	阻火器		—
53	节流孔板、减压孔板		—
54	快速接头		—
55	介质流向	→或⇒	在管道断开处时，流向符号宜标注在管道中心线上，其余可同管径标注位置
56	坡度及坡向	$i=0.003$ 或 → $i=0.003$	坡度数值不宜与管道起、止点标高同时标注。标注位置同管径标注位置

3.2 风　　道

3.2.1　风道代号宜按表 3.2.1 采用。

表 3.2.1　　　　　　　　　　　风 道 代 号

序号	代　号	管道名称	备　注
1	SF	送风管	—
2	HF	回风管	一、二次回风可附加 1、2 区别
3	PF	排风管	—
4	XF	新风管	—
5	PY	消防排烟风管	—
6	ZY	加压送风管	—
7	P（Y）	排风排烟兼用风管	—
8	XB	消防补风风管	—
9	S（B）	送风兼消防补风风管	—

3.2.2　自定义风道代号不应与本标准表 3.2.1 的规定矛盾，并应在相应图面说明。

3.2.3　风道、阀门及附件的图例宜按表 3.2.3-1 和表 3.2.3-2 采用。

表 3.2.3-1　　　　　　　　　　风道、阀门及附件图例

序号	名称	图　例	备　注
1	矩形风管	***×***	宽×高（mm）
2	圆形风管	φ***	φ 直径（mm）
3	风管向上		—
4	风管向下		—
5	风管上升摇手弯		—
6	风管下降摇手弯		—
7	天圆地方		左接矩形风管，右接圆形风管
8	软风管		
9	圆弧形弯头		
10	带导流片的矩形弯头		
11	消声器		

序号	名称	图 例	备 注
12	消声弯头		—
13	消声静压箱		—
14	风管软接头		—
15	对开多叶调节风阀		—
16	蝶阀		—
17	插板阀		—
18	止回风阀		—
19	余压阀	DPV DPV	—
20	三通调节阀		—
21	防烟、防火阀	*** ***	*** 表示防烟、防火阀名称代号,代号说明另见附录 A 防烟、防火阀功能表
22	方形风口		—
23	条缝形风口		—
24	矩形风口		—
25	圆形风口		—
26	侧面风口		—
27	防雨百叶		—
28	检修门	J J	—
29	气流方向		左为通用表示法,中表示送风,右表示回风
30	远程手控盒	B	防排烟用
31	防雨罩		

表 3. 2. 3-2　　　　　　　　　　　风 口 和 附 件 代 号

序号	代号	图　例	备　注
1	AV	单层格栅风口，叶片垂直	—
2	AH	单层格栅风口，叶片水平	—
3	BV	双层格栅风口，前组叶片垂直	—
4	BH	双层格栅风口，前组叶片水平	—
5	C*	矩形散流器，*为出风面数量	—
6	DF	圆形平面散流器	—
7	DS	圆形凸面散流器	—
8	DP	圆盘形散流器	—
9	DX*	圆形斜片散流器，*为出风面数量	—
10	DH	圆环形散流器	—
11	E*	条缝形风口，*为条缝数	—
12	F*	细叶形斜出风散流器，*为出风面数量	—
13	FH	门铰形细叶回风口	—
14	G	扁叶形直出风散流器	—
15	H	百叶回风口	—
16	HH	门铰形百叶回风口	—
17	J	喷口	—
18	SD	旋流风口	—
19	K	蛋格形风口	—
20	KH	门铰形蛋格式回风口	—
21	L	花板回风口	—
22	CB	自垂百叶	—
23	N	防结露送风口	冠于所用类型风口代号前
24	T	低温送风口	冠于所用类型风口代号前
25	W	防雨百叶	—
26	B	带风口风箱	—
27	D	带风阀	—
28	F	带过滤网	—

3.3　暖 通 空 调 设 备

3.3.1　暖通空调设备的图例宜按表 3.3.1 采用。

表 3.3.1　　　　　　　　　　　暖 通 空 调 设 备 图 例

序号	名称	图例	备　注
1	散热器及手动放气阀	15　　15　　15	左为平面图画法，中为剖面图画法，右为系统图（Y轴侧）画法

序号	名称	图例	备注
2	散热器及温控阀		
3	轴流风机		—
4	轴（混）流式管道风机		
5	离心式管道风机		
6	吊顶式排气扇		
7	水泵		—
8	手摇泵		—
9	变风量末端		—
10	空调机组加热、冷却盘管		从左到右分别为加热、冷却及双功能盘管
11	空气过滤器		从左到右分别为粗效、中效及高效
12	挡水板		—
13	加湿器		—
14	电加热器		—
15	板式换热器		—
16	立式明装风机盘管		—
17	立式暗装风机盘管		—
18	卧式明装风机盘管		—
19	卧式暗装风机盘管		—
20	窗式空调器		—
21	分体空调器	室内机 室外机	—
22	射流诱导风机		—
23	减振器		左为平面图画法，右为剖面图画法

3.4 调 控 装 置 及 仪 表

3.4.1 调控装置及仪表的图例宜按表 3.4.1 采用。

表 3.4.1   调控装置及仪表图例

序号	名 称	图 例
1	温度传感器	T
2	湿度传感器	H
3	压力传感器	P
4	压差传感器	ΔP
5	流量传感器	F
6	烟感器	S
7	流量开关	FS
8	控制器	C
9	吸顶式温度感应器	
10	温度计	
11	压力表	
12	流量计	F.M
13	能量计	E.M
14	弹簧执行机构	
15	重力执行机构	
16	记录仪	
17	电磁（双位）执行机构	
18	电动（双位）执行机构	
19	电动（调节）执行机构	
20	气动执行机构	
21	浮力执行机构	

序号	名　称	图　例
22	数字输入量	DI
23	数字输出量	DO
24	模拟输入量	AI
25	模拟输出量	AO

注：各种执行机构可与风阀、水阀组合表示相应功能的控制阀门。

4 图 样 画 法

4.1 一 般 规 定

4.1.1 各工程、各阶段的设计图纸应满足相应的设计深度要求。

4.1.2 本专业设计图纸编号应独立。

4.1.3 在同一套工程设计图纸中，图样线宽组、图例、符号等应一致。

4.1.4 在工程设计中，宜依次表示图纸目录、选用图集（纸）目录、设计施工说明、图例、设备及主要材料表、总图、工艺图、系统图、平面图、剖面图、详图等，如单独成图时，其图纸编号应按所述顺序排列。

4.1.5 图样需用的文字说明，宜以"注："、"附注："或"说明："的形式在图纸右下方、标题栏的上方书写，并应用"1、2、3……"进行编号。

4.1.6 一张图幅内绘制平、剖面等多种图样时，宜按平面图、剖面图、安装详图，从上至下、从左至右的顺序排列；当一张图幅绘有多层平面图时，宜按建筑层次由低至高，由下而上顺序排列。

4.1.7 图纸中的设备或部件不便用文字标注时，可进行编号。图样中仅标注编号时，其名称宜以"注："、"附注："或"说明："表示。如需表明其型号（规格）、性能等内容时，宜用"明细表"表示（图 4.1.7）。

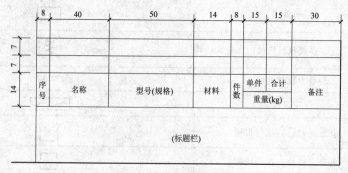

图 4.1.7　明细栏示例

4.1.8 初步设计和施工图设计的设备表应至少包括序号（或编号）、设备名称、技术要求、数量、备注栏；材料表应至少包括序号（或编号）、材料名称、规格或物理性能、数量、单位、备注栏。

4.2 管道和设备布置平面图、剖面图及详图

4.2.1 管道和设备布置平面图、剖面图应以直接正投影法绘制。

4.2.2 用于暖通空调系统设计的建筑平面图、剖面图，应用细实线绘出建筑轮廓线和与暖通空调系统有关的门、窗、梁、柱、平台等建筑构配件，并应标明相应定位轴线编号、房间名称、平面标高。

4.2.3 管道和设备布置平面图应按假想除去上层板后俯视规则绘制，其相应的垂直剖面图应在平面图中标明剖切符号（图4.2.3）。

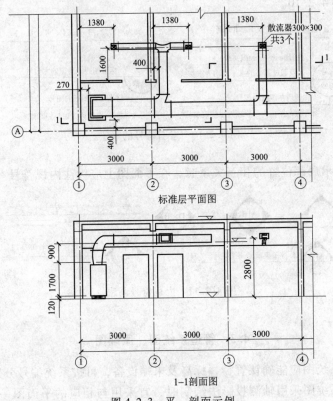

图 4.2.3 平、剖面示例

4.2.4 剖视的剖切符号应由剖切位置线、投射方向线及编号组成，剖切位置线和投射方向线均应以粗实线绘制。剖切位置线的长度宜为6mm～10mm；投射方向线长度应短于剖切位置线，宜为4mm～6mm；剖切位置线和投射方向线不应与其他图线相接触；编号宜用阿拉伯数字，并宜标在投射方向线的端部；转折的剖切位置线，宜在转角的外顶角处加注相应编号。

4.2.5 断面的剖切符号应用剖切位置线和编号表示。剖切位置线宜为长度6mm～10mm的粗实线；编号可用阿拉伯数字、罗马数字或小写拉丁字母，标在剖切位置线的一侧，并应表示投射方向。

4.2.6 平面图上应标注设备、管道定位（中心、外轮廓）线与建筑定位（轴线、墙边、柱边、柱中）线间的关系；剖面图上应注出设备、管道（中、底或顶）标高。必要时，

还应注出距该层楼（地）板面的距离。

4.2.7 剖面图，应在平面图上选择反映系统全貌的部位垂直剖切后绘制。当剖切的投射方向为向下和向右，且不致引起误解时，可省略剖切方向线。

4.2.8 建筑平面图采用分区绘制时，暖通空调专业平面图也可分区绘制。但分区部位应与建筑平面图一致，并应绘制分区组合示意图。

4.2.9 除方案设计、初步设计及精装修设计外，平面图、剖面图中的水、汽管道可用单线绘制，风管不宜用单线绘制。

4.2.10 平面图、剖面图中的局部需另绘详图时，应在平、剖面图上标注索引符号。索引符号的画法见图 4.2.10。

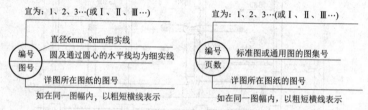

图 4.2.10　索引符号的画法

4.2.11 当表示局部位置的相互关系时，在平面图上应标注内视符号（图 4.2.11）。

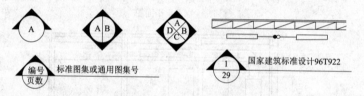

图 4.2.11　内视符号画法

4.3　管道系统图、原理图

4.3.1 管道系统图应能确认管径、标高及末端设备，可按系统编号分别绘制。

4.3.2 管道系统图采用轴测投影法绘制时，宜采用与相应的平面图一致的比例，按正等轴测或正面斜二轴测的投影规则绘制，可按现行国家标准《房屋建筑制图统一标准》GB/T 50001 绘制。

4.3.3 在不致引起误解时，管道系统图可不按轴测投影法绘制。

4.3.4 管道系统图的基本要素应与平、剖面图相对应。

4.3.5 水、汽管道及通风、空调管道系统图均可用单线绘制。

4.3.6 系统图中的管线重叠、密集处，可采用断开画法。断开处宜以相同的小写拉丁字母表示，也可用细虚线连接。

4.3.7 室外管网工程设计宜绘制管网总平面图和管网纵剖面图。

4.3.8 原理图可不按比例和投影规则绘制。

4.3.9 原理图基本要素应与平面图、剖视图及管道系统图相对应。

4.4 系 统 编 号

4.4.1 一个工程设计中同时有供暖、通风、空调等两个及以上的不同系统时，应进行系统编号。

4.4.2 暖通空调系统编号、入口编号，应由系统代号和顺序号组成。

4.4.3 系统代号用大写拉丁字母表示（见表4.4.3），顺序号用阿拉伯数字表示如图4.4.3所示。当一个系统出现分支时，可采用图4.4.3（b）的画法。

表4.4.3   系 统 代 号

序号	字母代号	系统名称	序号	字母代号	系统名称
1	N	（室内）供暖系统	9	H	回风系统
2	L	制冷系统	10	P	排风系统
3	R	热力系统	11	XP	新风换气系统
4	K	空调系统	12	JY	加压送风系统
5	J	净化系统	13	PY	排烟系统
6	C	防尘系统	14	P（PY）	排风兼排烟系统
7	S	送风系统	15	RS	人防送风系统
8	X	新风系统	16	RP	人防排风系统

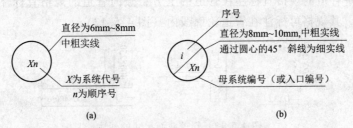

图 4.4.3 系统代号、编号的画法

4.4.4 系统编号宜标注在系统总管处。

4.4.5 竖向布置的垂直管道系统，应标注立管号（图4.4.5）。在不致引起误解时，可只标注序号，但应与建筑轴线编号有明显区别。

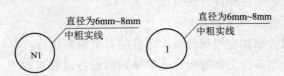

图 4.4.5 立管号的画法

4.5 管道标高、管径（压力）、尺寸标注

4.5.1 在无法标注垂直尺寸的图样中，应标注标高。标高应以 m 为单位，并应精确到 cm 或 mm。

4.5.2 标高符号应以直角等腰三角形表示。当标准层较多时，可只标注与本层楼（地）板面的相对标高（图 4.5.2）。

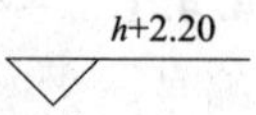

4.5.3 水、汽管道所注标高未予说明时，应表示为管中心标高。

4.5.4 水、汽管道标注管外底或顶标高时，应在数字前加"底"或"顶"字样。

$h+2.20$

图 4.5.2　相对标高的画法

4.5.5 矩形风管所注标高应表示管底标高；圆形风管所注标高应表示管中心标高。当不采用此方法标注时，应进行说明。

4.5.6 低压流体输送用焊接管道规格应标注公称通径或压力。公称通径的标记应由字母"DN"后跟一个以毫米表示的数值组成；公称压力的代号应为"PN"。

4.5.7 输送流体用无缝钢管、螺旋缝或直缝焊接钢管、铜管、不锈钢管，当需要注明外径和壁厚时，应用"D（或 φ）外径×壁厚"表示。在不致引起误解时，也可采用公称通径表示。

4.5.8 塑料管外径应用"de"表示。

4.5.9 圆形风管的截面定型尺寸应以直径"φ"表示，单位应为 mm。

4.5.10 矩形风管（风道）的截面定型尺寸应以"A×B"表示。"A"应为该视图投影面的边长尺寸，"B"应为另一边尺寸。A、B 单位均应为 mm。

4.5.11 平面图中无坡度要求的管道标高可标注在管道截面尺寸后的括号内。必要时，应在标高数字前加"底"或"顶"的字样。

4.5.12 水平管道的规格宜标注在管道的上方；竖向管道的规格宜标注在管道的左侧。双线表示的管道，其规格可标注在管道轮廓线内（图 4.5.12）。

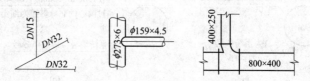

图 4.5.12　管道截面尺寸的画法

4.5.13 当斜管道不在图 4.5.13 所示 30°范围内时，其管径（压力）、尺寸应平行标在管道的斜上方。不用图 4.5.13 的方法标注时，可用引出线标注。

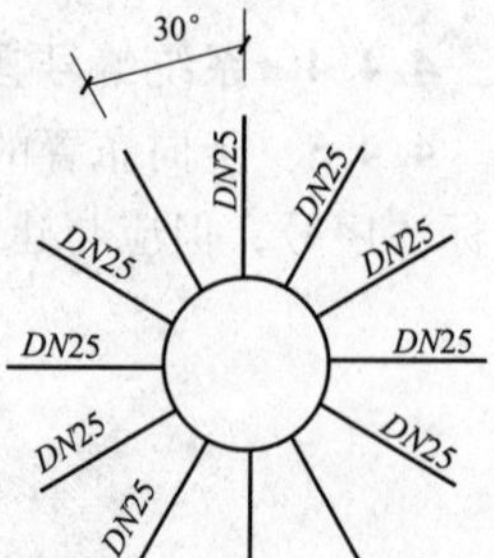

4.5.14 多条管线的规格标注方法见图 4.5.14。

4.5.15 风口表示方法见图 4.5.15。

4.5.16 图样中尺寸标注应按现行国家标准的有关规定执行。

4.5.17 平面图、剖面图上如需标注连续排列的设备或管道的定位尺寸和标高时，应至少有一个误差自由段（图 4.5.17）。

4.5.18 挂墙安装的散热器应说明安装高度。

4.5.19 设备加工（制造）图的尺寸标注应按现行国家标准《机械制图　尺寸注法》GB 4458.4 的有关规定执行。焊缝应按现行国家标准《技术制图　焊缝符号的尺寸、比例及简化表示法》GB 12212 的有关规定执行。

图 4.5.13　管径（压力）的标注位置示例

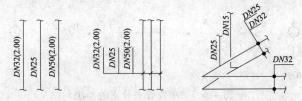

图 4.5.14　多条管线规格的画法

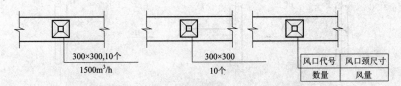

图 4.5.15　风口、散流器的表示方法

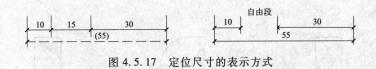

图 4.5.17　定位尺寸的表示方式

4.6　管道转向、分支、重叠及密集处的画法

4.6.1　单线管道转向的画法见图 4.6.1。

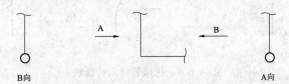

图 4.6.1　单线管道转向的画法

4.6.2　双线管道转向的画法见图 4.6.2。

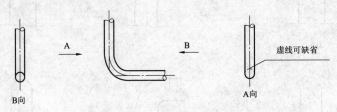

图 4.6.2　双线管道转向的画法

4.6.3　单线管道分支的画法见图 4.6.3。

4.6.4　双线管道分支的画法见图 4.6.4。

4.6.5　送风管转向的画法见图 4.6.5。

4.6.6　回风管转向的画法见图 4.6.6。

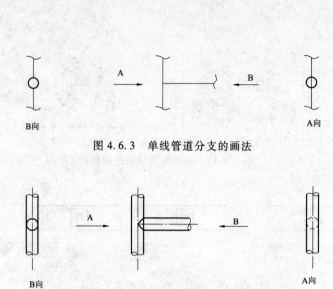

图 4.6.3 单线管道分支的画法

图 4.6.4 双线管道分支的画法

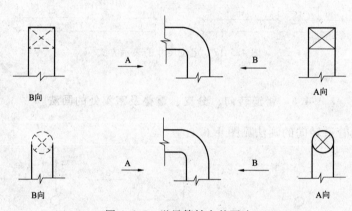

图 4.6.5 送风管转向的画法

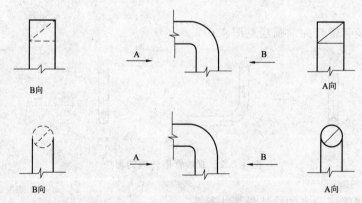

图 4.6.6 回风管转向的画法

4.6.7 平面图、剖视图中管道因重叠、密集需断开时，应采用断开画法（图 4.6.7）。

4.6.8 管道在本图中断，转至其他图面表示（或由其他图面引来）时，应注明转至

（或来自的）的图纸编号（图 4.6.8）。

    4.6.9 管道交叉的画法见图 4.6.9。

    4.6.10 管道跨越的画法见图 4.6.10。

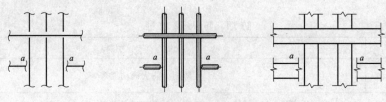

图 4.6.7　管道断开的画法

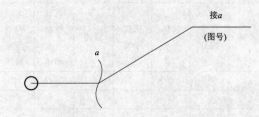

图 4.6.8　管道在本图中断的画法

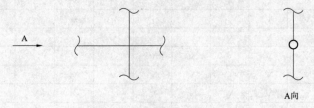

图 4.6.9　管道交叉的画法

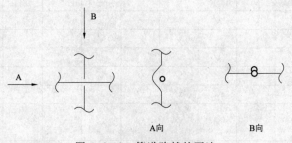

图 4.6.10　管道跨越的画法

A 防烟、防火阀功能表

表 A　　　　　　　　　　　　　　防 烟 、 防 火 阀 功 能

符号	说　　　明
（阀体符号图）	防烟、防火阀功能表
***　***　防烟、防火阀功能代号	

阀体中文名称	阀体代号	1 防烟防火	2 风阀	3 风量调节	4 阀体手动	5 远程手动	6[1] 常闭	7[2] 电动控制一次动作	8[2] 电动控制反复动作	9 70℃自动关闭	10 280℃自动关闭	11[3] 阀体动作反馈信号
70℃防烟防火阀	FD[4]	√	√		√					√		
	FVD[4]	√	√	√	√					√		
	FDS[4]	√	√		√					√		√
	FDVS[4]	√	√	√	√					√		√
	MED	√	√	√	√			√		√		√
	MEC	√	√	√	√				√	√		√
	MEE	√	√	√	√					√		√
	BED	√	√	√	√			√		√		√
	BEC	√	√	√	√				√	√		√
	BEE	√	√	√	√					√		√
280℃防烟防火阀	FDH	√	√		√						√	
	FVDH	√	√	√	√						√	
	FDSH	√	√		√						√	√
	FVSH	√	√	√	√						√	√
	MECH	√	√	√	√				√		√	√
	MEEH	√	√	√	√						√	√
	BECH	√	√	√	√				√		√	√
	BEEH	√	√	√	√						√	√
板式排烟口	PS	√			√	√	√	√				√
多叶排烟口	GS	√			√	√	√	√			√	√
多叶送风口	GP	√			√	√	√	√		√		√
防火风口	GF	√			√					√		

注：1　除表中注明外，其余的均为常开型；且所用的阀体在动作后均可手动复位。

　　2　消防电源（24V DC），由消防中心控制。

　　3　阀体需要符合信号反馈要求的接点。

　　4　若仅用于厨房烧煮区平时排风系统，其动作装置的工作温度应当由70℃改为150℃。

采暖通风和空调工程施工图实例与识图点评

附录B

设 计 施 工 说 明

1. 本设计采暖室外计算温度为 -13℃，室内设计温度为：走廊和卫生间 16℃，有淋浴的卫生间 25℃，其他房间均为 18℃。

2. 本设计采暖热负荷为 30000kcal/h，采暖供、回水设计温度为 90/70℃，采暖系统的水流阻（至热力入口）约为 1800mmH$_2$0。本采暖热水循环水量为 15000kg/h，

3. 本采暖系统为下供下回双管同程式系统，供、回水干管均敷设在地沟内。地沟中的管道及地上部分特殊注明的管道均须保温，保温采用岩棉管壳，管径大于 d32 的管道保温层厚度为 60mm，管径小于或等于 d32 的管道其保温层厚度为 50mm。

4. 明装管道不保温，除锈后刷红樟丹及银粉漆各两道。

5. 本工程的散热器均采用钢制闭式串片式散热器。

6. 其他未经说明处应符合《建筑设备施工安装通用图集》(91SB 暖气工程)及《采暖与卫生工程施工及验收规范》(GBJ 242—82)。

图 例

序号	图 例	名 称
1	——	采暖供水管
2	———	采暖回水管
3		固定支架
4		平衡阀、闸阀、截止阀
5		压力表
6		进水丝堵、温度计

设 施 图 纸 目 录

图纸号	图 纸 名 称	页	规 格	备 注
设施 1	首 页			
设施 2	一层采暖平面图			
设施 3	二层采暖平面图			
设施 4	三层采暖平面图			
设施 5	四层采暖平面图			
设施 6	五层采暖平面图，热力入口详图			
设施 7	采暖系统图 (1)			
设施 8	采暖系统图 (2)			
设施 9	车库采暖平面图、车库采暖系统图			

使 用 标 准 图 纸 目 录

序号	图 名	备 注
1	立干管连接	《建筑设备施工安装通用图集》(91SB)
2	管道防腐保温做法	《建筑设备施工安装通用图集》(91SB)
3	压力表、温度计安装	《建筑设备施工安装通用图集》(91SB)
4	钢串片（闭式）散热器端上安装	《建筑设备施工安装通用图集》(91SB)

工程名称	××办公大楼		设计号	93-031
项 目	办公楼		图 号	设施 1
设计主持人			日 期	93.4
工种负责人				
设计制图				
××建筑设计院		首 页		
审定				
审核				
校对				

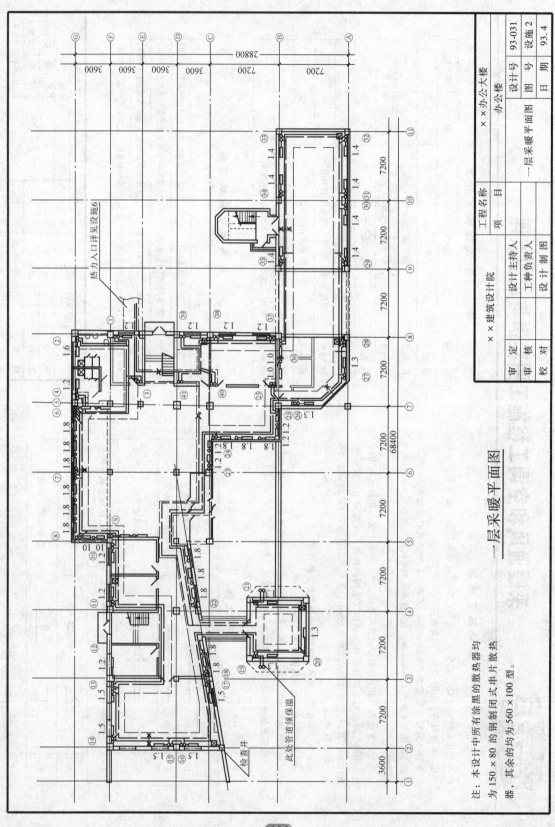

一层采暖平面图

注：本设计中所有涂黑的散热器均
为150×80的钢制闭式串片式散热
器，其余的均为560×100型。

热力入口详见设施6

此处管道须保温

检查井

工程名称	××办公大楼		设计号	93-031
项 目			图 号	设施 2
××建筑设计院	一层采暖平面图		日 期	93.4
设计主持人				
工种负责人				
设 计	制 图			
审 定				
审 核				
校 对				

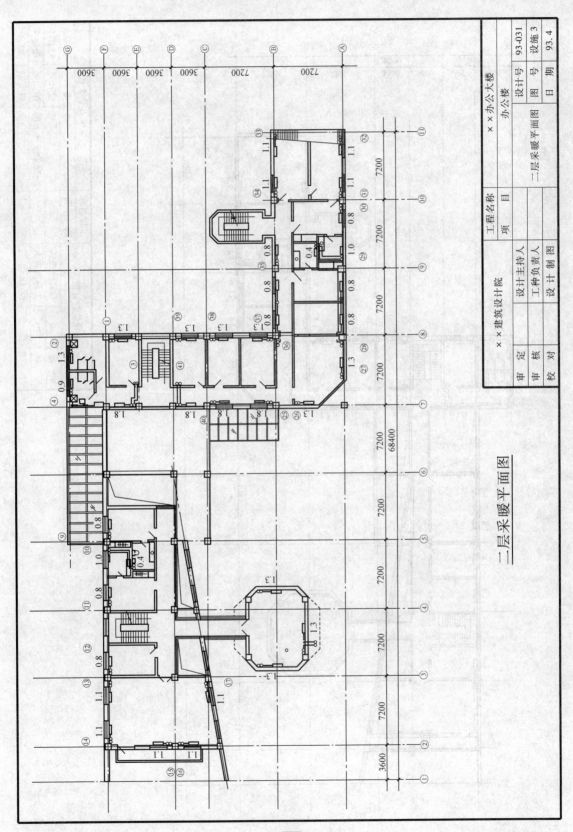

二层采暖平面图

工程名称	××办公大楼	设计号	93-031
项 目	二层采暖平面图	图 号	设施 3
		日 期	93.4

××建筑设计院	设计主持人		审 定	
	工种负责人		审 核	
	设计制图		校 对	

127

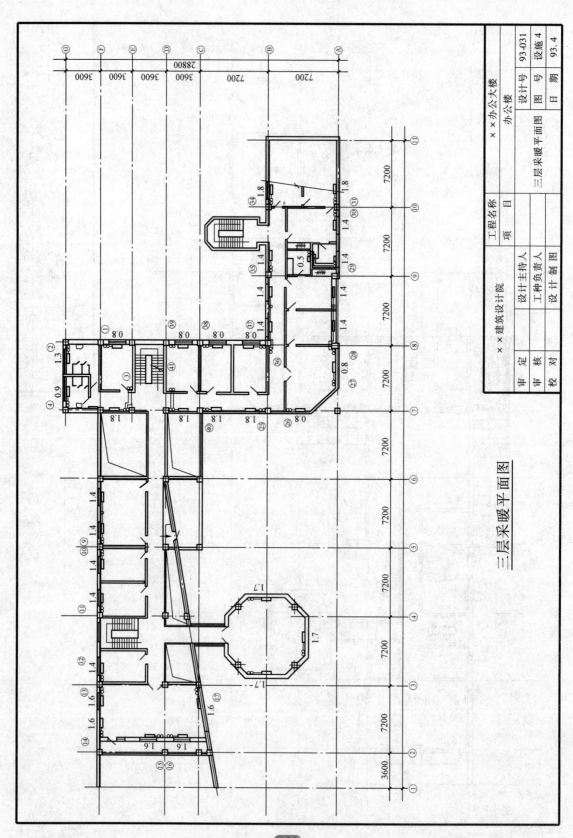

三层采暖平面图

工程名称	××办公大楼		设计号	93-031
项 目			图 号	设施 4
××建筑设计院	设计主持人			
	工种负责人		三层采暖平面图	
	设 计	制 图	日 期	93.4
审 定				
审 核				
校 对				

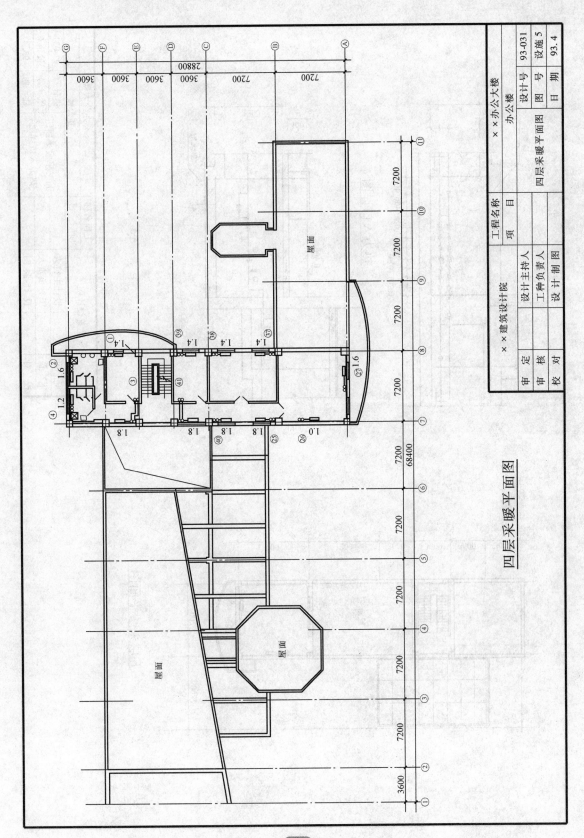

四层采暖平面图

工程名称		××办公大楼	设计号	93-031
项目		办公楼		
		四层采暖平面图	图号	设施5
			日期	93.4

××建筑设计院		
设计主持人		
工种负责人		
设计制图		
审定		
审核		
校对		

屋面

屋面

屋面

28800

3600 3600 3600 3600 3600 7200 7200

7200 7200 7200 7200 7200 7200 7200 7200 7200 3600

68400

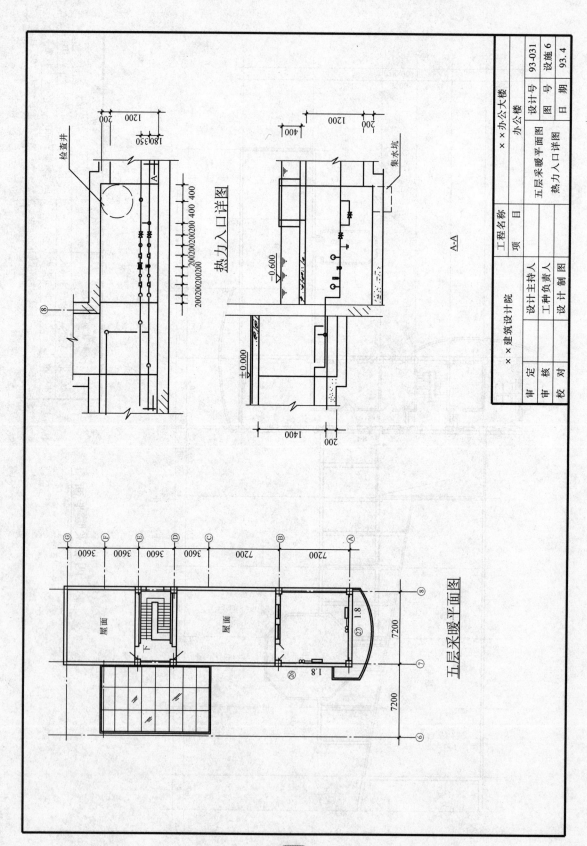

热力入口详图

检查井

A-A

集水坑

热力入口详图

五层采暖平面图

屋面

屋面

		×× 建筑设计院			工程名称项目	×× 办公大楼办公楼		
审 定		设计主持人				五层采暖平面图	设计号	93-031
审 核		工种负责人				热力入口详图	图 号	设施6
校 对		设 计 制 图					日 期	93.4

130

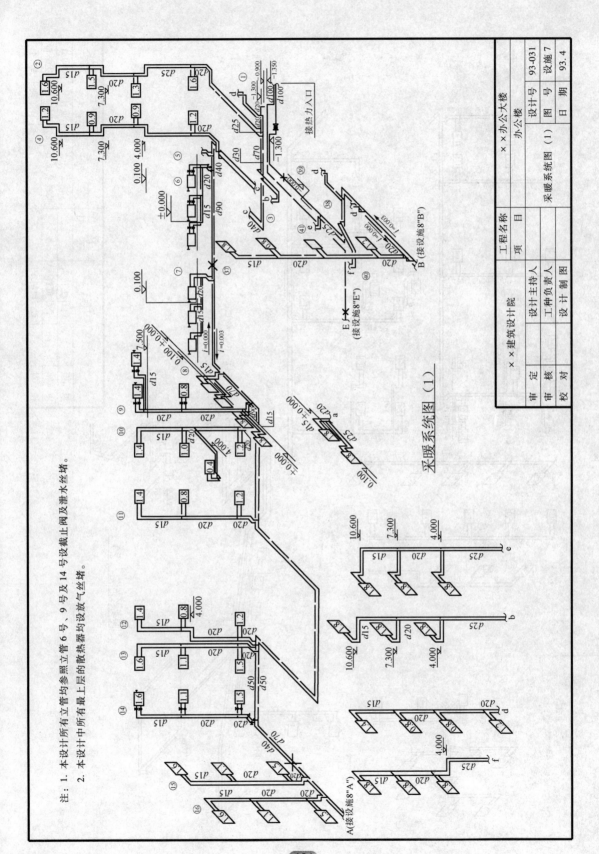

采暖系统图（1）

注：1. 本设计中所有立管均参照立管 6 号、9 号及 14 号设截止阀及泄水丝堵。
2. 本设计中所有散热器均设放气丝堵。

工程名称	× × 办公大楼		设计号	93-031
项 目			图 号	设施 7
× × 建筑设计院	采暖系统图（1）		日 期	93.4

审 定		设计主持人	
审 核		工种负责人	
校 对		设 计	
		制 图	

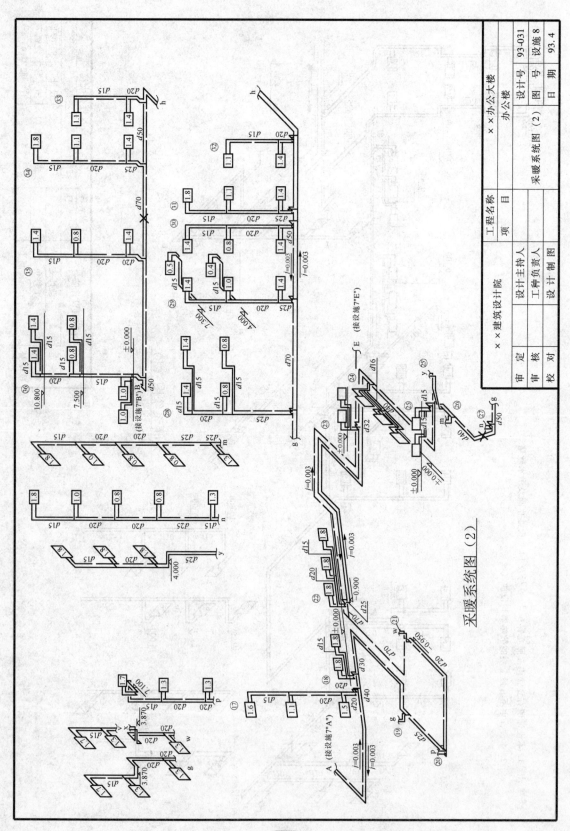

采暖系统图（2）

工程名称		××办公大楼	设计号	93-031
项目			图号	设施8
		采暖系统图（2）	日期	93.4
××建筑设计院	设计主持人			
	工种负责人			
	设计制图			
审定				
审核				
校对				

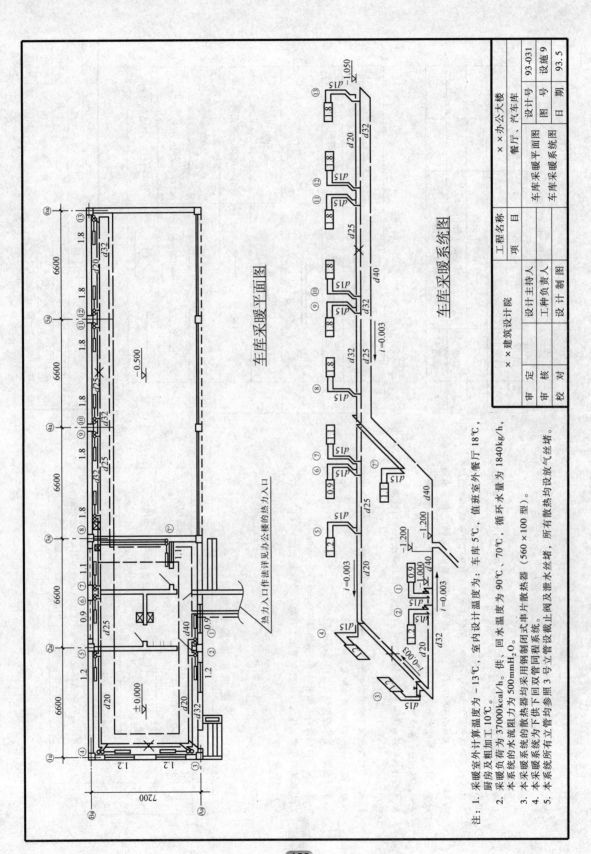

车库采暖平面图

车库采暖系统图

注：1. 采暖室外计算温度为 –13℃，室内设计温度为：车库 5℃，值班室外餐厅 18℃，厨房及相加工 10℃。

2. 采暖负荷为 37000kcal/h。供、回水温度为 90℃、70℃，循环水量为 1840kg/h，本系统的水流阻力为 500mmH₂O。

3. 本采暖系统的散热器均采用钢制闭式串片散热器（560×100 型）。

4. 本采暖系统为下供下回双管同程系统。

5. 本采暖系统所有立管均参照 3 号立管设置截止阀及泄气丝堵，所有散热均设放气丝堵。

热力入口作法详见洋见办公楼的热力入口。

工程名称		×× 办公大楼		设计号	93-031
项　目		餐厅、汽车库		图　号	设施 9
×× 建筑设计院		车库采暖平面图			
		车库采暖系统图		日　期	93.5
审　定		设计主持人			
审　核		工种负责人			
校　对		设计制图			

图　例

序号	图例	名称
1		采暖供水管
2		采暖回水管
3		固定支架
4		流量调节阀
5		闸阀、截止阀
6		温度表
7		压力计
8		泄水丝堵、自动放气阀

设 计 施 工 说 明

1. 本设计采暖室外计算温度为 −9℃，室内设计温度：厕所为15℃，其他房间均为20℃。

2. 本设计采暖热负荷为80000kcal/h，采暖供水温度为90℃，采暖回水温度为70℃，循环水量为4000kg/h，采暖热水由自备燃油锅炉供给，膨胀水箱设于三层，在膨胀水箱定期加药以对系统进行软化处理，并在水箱内通过浮球阀进行系统补水。

3. 本设计的采暖系统为下供下回式双管同程式，供、回水干管均敷设在地沟中。

4. 地沟中的管道采用岩棉管壳保温，岩棉管壳的厚度为50mm。明装管道不保温，除锈后刷红丹2道及银粉漆各两道。

5. 采暖管道均采用焊接钢管，用丝扣相连接。

6. 本工程的散热器均采用钢制串片散热器400mm（高）×90mm（宽）。

7. 其他未说明之处应按《采暖与卫生工程施工及验收规范》（GBJ 242—82）进行施工。

使 用 标 准 图 纸 目 录

序号	图名	备注
1	立干管连接	《建筑设备施工安装通用图集》91SB（暖气工程）
2	管道防腐保温做法	《建筑设备施工安装通用图集》91SB（暖气工程）
3	压力表、温度计安装	《建筑设备施工安装通用图集》91SB（暖气工程）
4	钢串片（闭式）散热器墙上安装（一）、（二）	《建筑设备施工安装通用图集》91SB（暖气工程）

××建筑设计院		工程名称	××企业职工宿舍楼 主楼		设计号	93-091
		项目			图号	设施1
设计主持人				首页	日期	93.9
工种负责人						
设计制图						
审定						
审核						
校对						

134

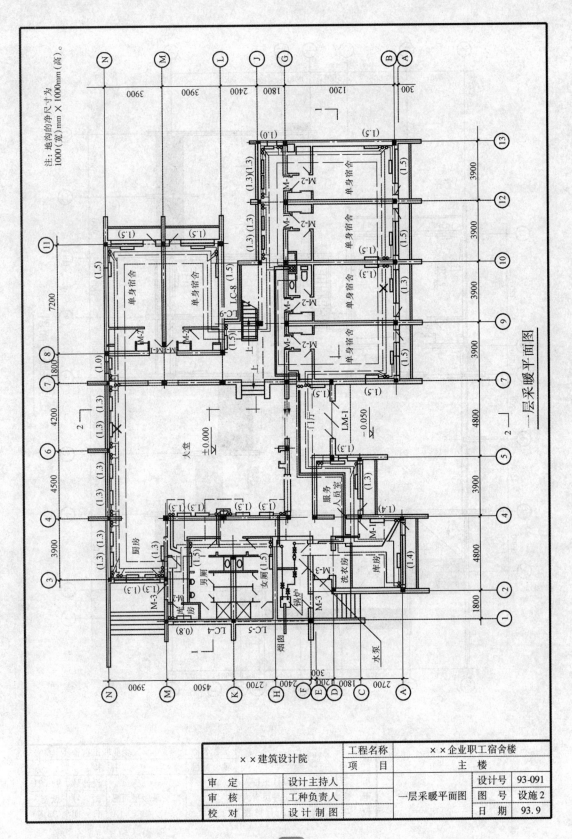

一层采暖平面图

注：地沟的净尺寸为1000（宽）mm × 1000mm（高）。

大堂 ±0.000

−0.050

门厅

厨房

男厕

女厕

锅炉

库房

洗衣房

服务

人员室

泵房

烟囱

水泵

单身宿舍

××建筑设计院		工程名称	××企业职工宿舍楼		
		项 目	主 楼		
审 定	设计主持人		一层采暖平面图	设计号	93-091
审 核	工种负责人			图 号	设施2
校 对	设计制图			日 期	93.9

135

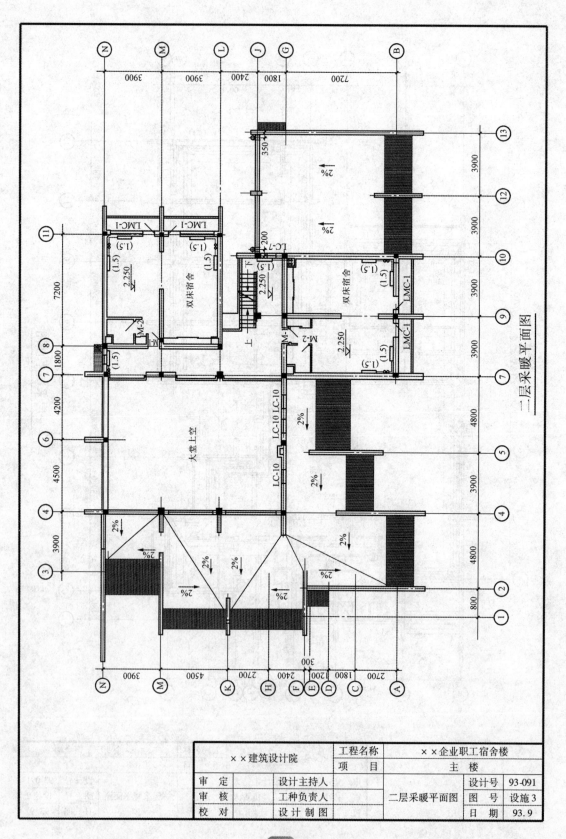

二层采暖平面图

××建筑设计院		工程名称	××企业职工宿舍楼		
		项 目	主 楼		
审 定	设计主持人		二层采暖平面图	设计号	93-091
审 核	工种负责人			图 号	设施3
校 对	设计制图			日 期	93.9

136

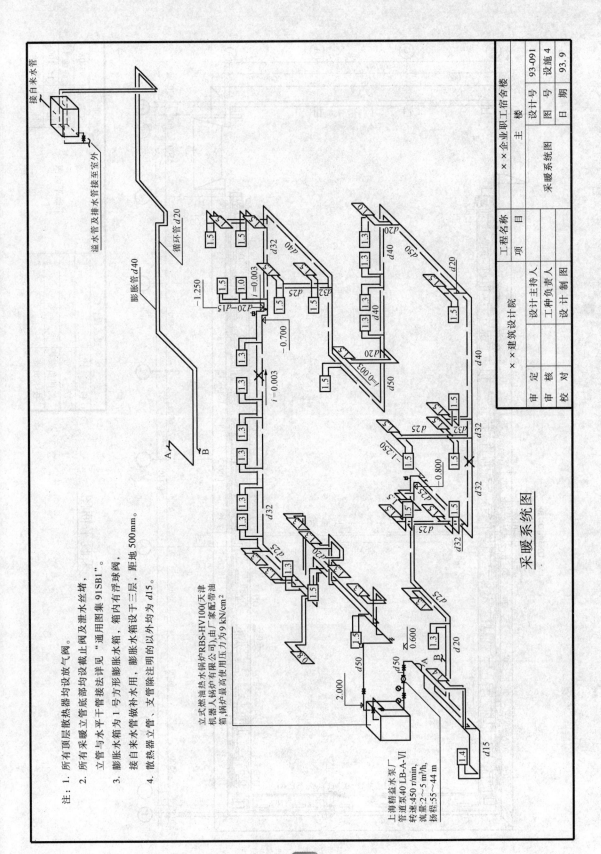

采暖系统图

注：
1. 所有顶层散热器均设放气阀。
2. 所有采暖立管底部均设截止阀及泄水丝堵，
   立管与水平干管接法见"通用图集 91SB1"。
3. 膨胀水箱为 1 号方形膨胀水箱，箱内有浮球阀，
   接自来水管做补水用，膨胀水箱设于三层，距地 500mm。
4. 散热器立管、支管除注明的以外均为 $d15$。

接自来水管

溢水管及排水管接至室外

循环管 $d20$

膨胀管 $d40$

立式燃油热水锅炉RBS-HV100(天津
机器人锅炉有限公司)，由厂家配带油
箱,锅炉最高使用压力为9 kN/cm²

上海精益水泵厂
管道泵40 LB-A-VI
转速:450 r/min,
流量:2～5 m³/h,
扬程:55～44 m

	工程名称	× × 企业职工宿舍楼		设计号	93-091
	项　目	主　楼		图　号	设施 4
× × 建筑设计院			采暖系统图	日　期	93.9
审　定		设计主持人			
审　核		工种负责人			
校　对		设计制图			

137

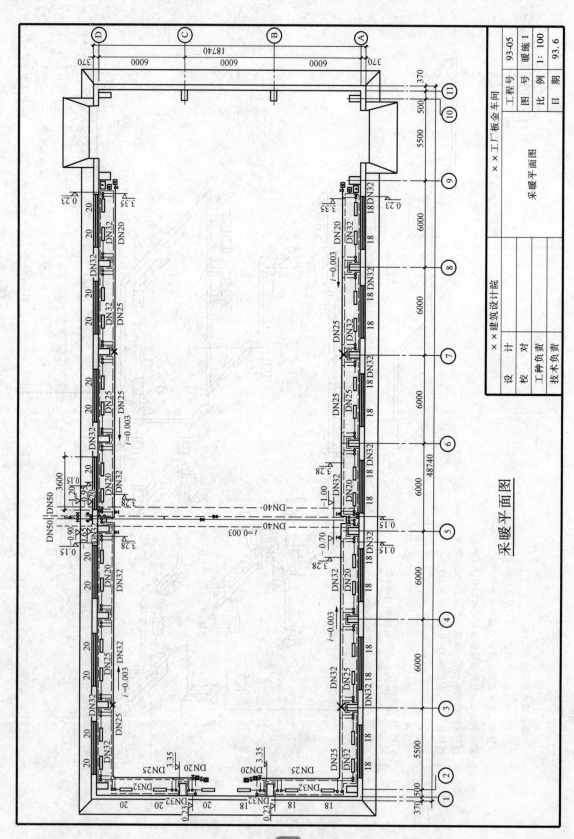

采暖平面图

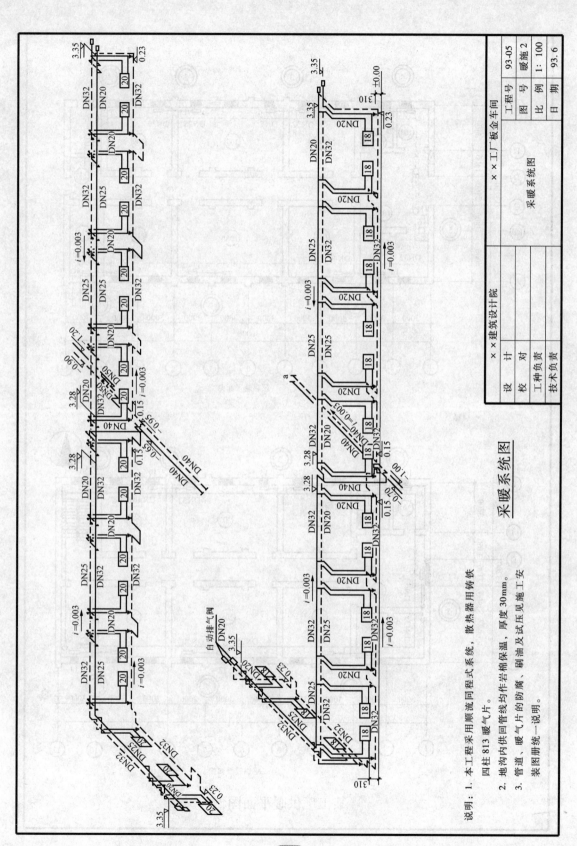

采暖系统图

说明：1. 本工程采用顺流式系统，散热器用铸铁四柱813暖气片。

2. 地沟内供回管线均作岩棉保温，厚度30mm。

3. 管道、暖气片的防腐、刷油及试压见施工安装图册统一说明。

× ×建筑设计院			工程号	93-05
设 计			图 号	暖施 2
校 对			比 例	1：100
工种负责			日 期	93.6
技术负责		× ×工厂板金车间		
		采暖系统图		

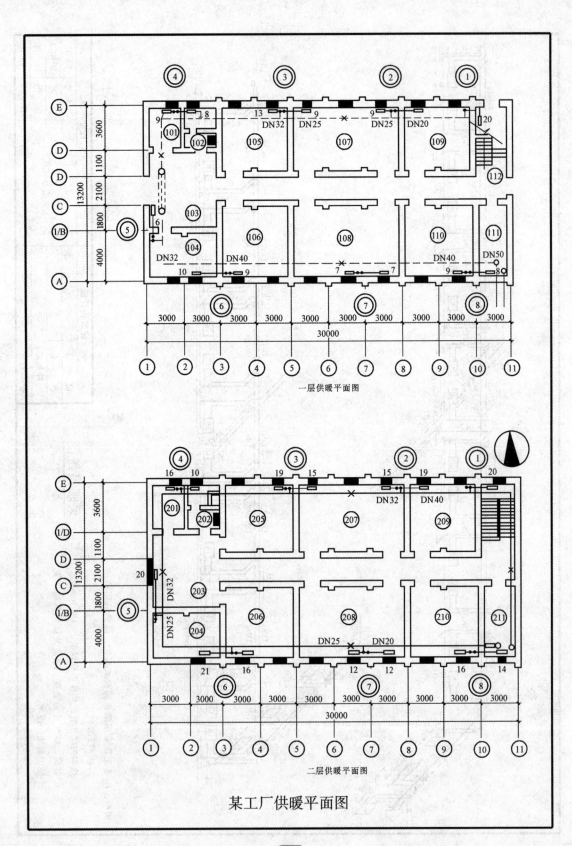

一层供暖平面图

二层供暖平面图

某工厂供暖平面图

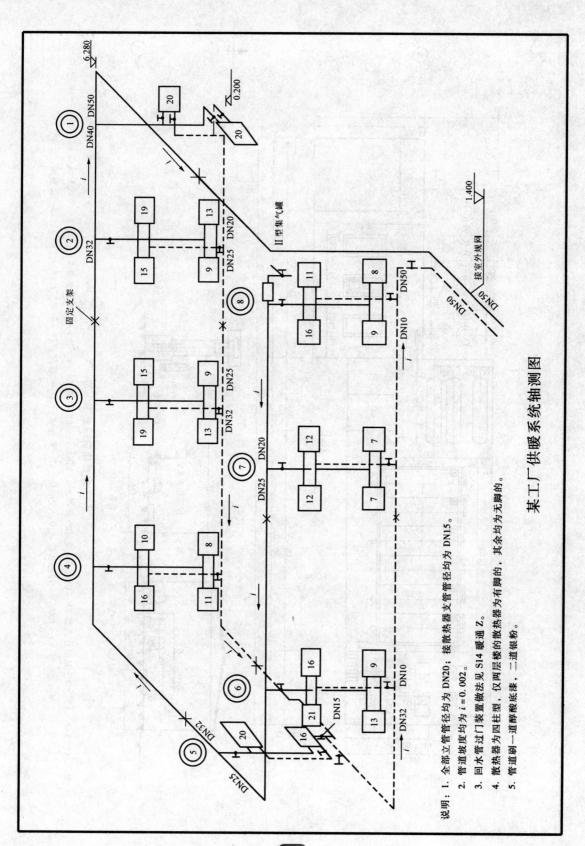

某工厂供暖系统轴测图

说明：
1. 全部立管管径均为 DN20；接散热器支管管径均为 DN15。
2. 管道坡度均为 $i=0.002$。
3. 回水管过门装置做法见 S14 暖通 Z。
4. 散热器为四柱型，仅两层楼的散热器为有脚的，其余均为无脚的。
5. 管道刷一道醇酸底漆，二道银粉。

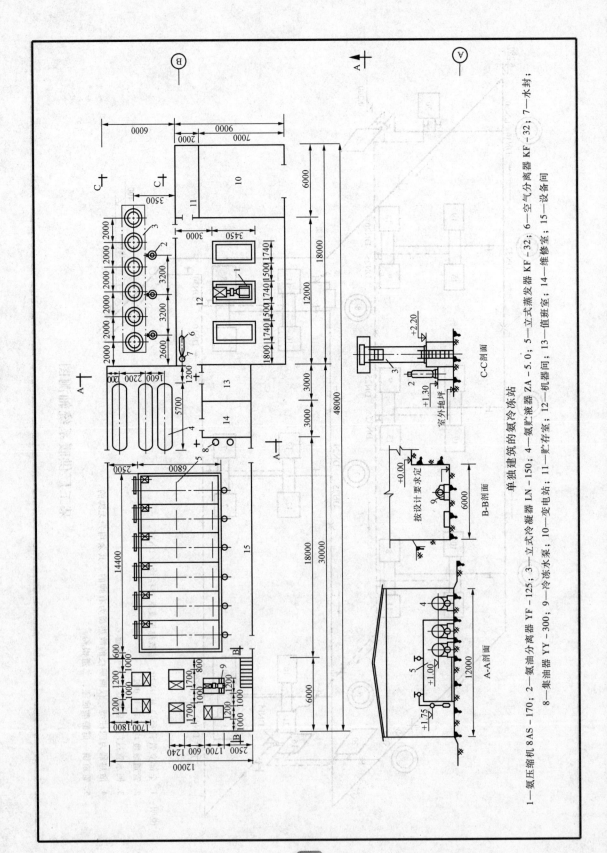

单独建筑的氨冷冻站

1—氨压缩机 8AS-170；2—氨油分离器 YF-125；3—立式冷凝器 LN-150；4—氨贮液器 ZA-5.0；5—立式蒸发器 KF-32；6—空气分离器 KF-32；7—水封；
8—集油器 YY-300；9—冷冻水泵；10—变电站；11—贮存室；12—机器间；13—值班室；14—维修室；15—设备同

C-C剖面

B-B剖面

A-A剖面

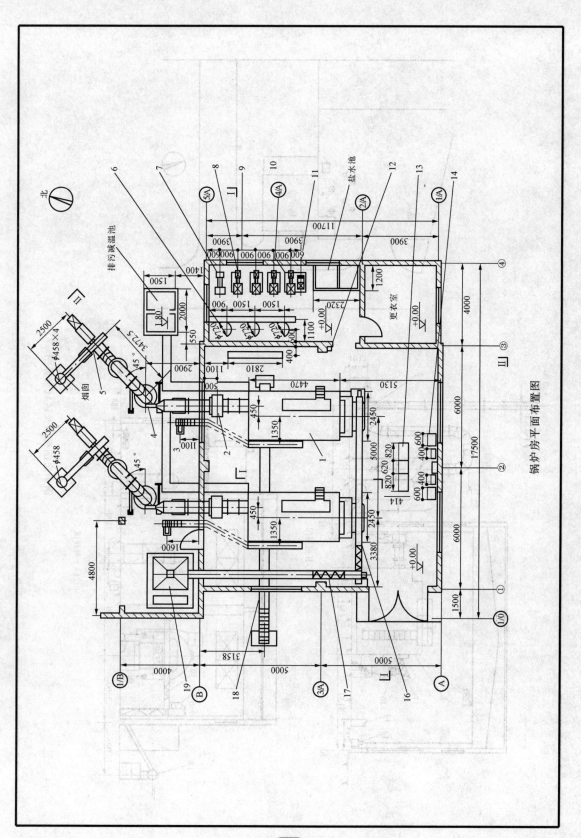

锅炉房平面布置图

排污减温池

盐水池

更衣室

烟囱

北

φ458

φ458×4

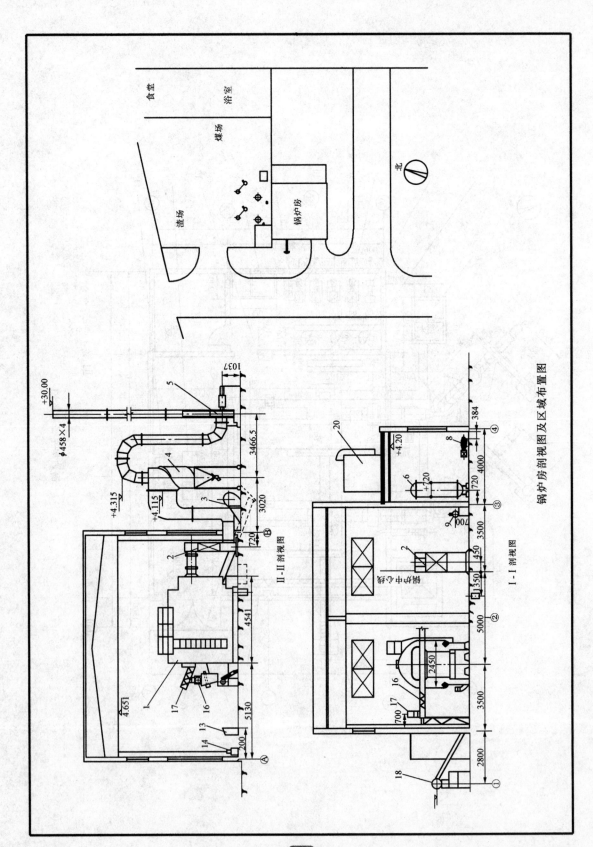

锅炉房剖视图及区域布置图

食堂

浴室

煤场

渣场

锅炉房

北

II - II 剖视图

I - I 剖视图

+30.00

φ458×4

1037

+4.315

+4.115

+4.20

3466.5

3020

720

4541

5130

200

4.651

+720

004

350

450

3500

4000

384

720

5000

3500

700

2800

2450

锅筒中心线

锅筒中心线

1

2

3

4

5

6

8

9

13

14

16

17

18

20

144

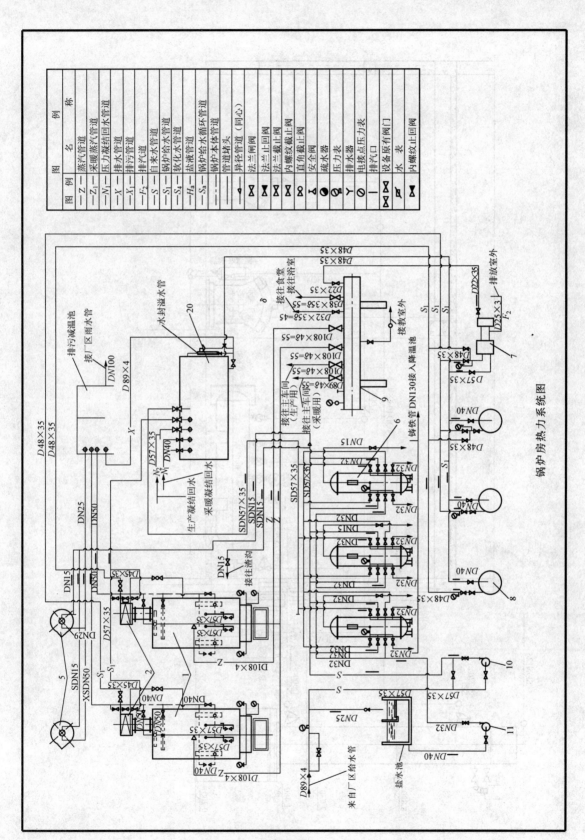

锅炉房热力系统图

图 例	名 称
—Z—	蒸汽管道
—Z₁—	采暖蒸汽管道
—N₁—	压力凝结回水管道
—X—	排水管道
—X₁—	排污管道
—F₂—	排汽管道
—S—	自来水管道
—S₁—	锅炉给水管道
—S₄—	软化水管道
—Ha—	盐液水管道
—Sn—	锅炉给水循环管道
---	锅炉本体管道
管道箭头
异径管道（同心）
法兰闸阀
法兰止回阀
法兰截止阀
内螺纹截止阀
直角截止阀
安全阀
疏水器
压力表
排水口
电接点压力表
排气口
设备原有阀门
水表
内螺纹止回阀

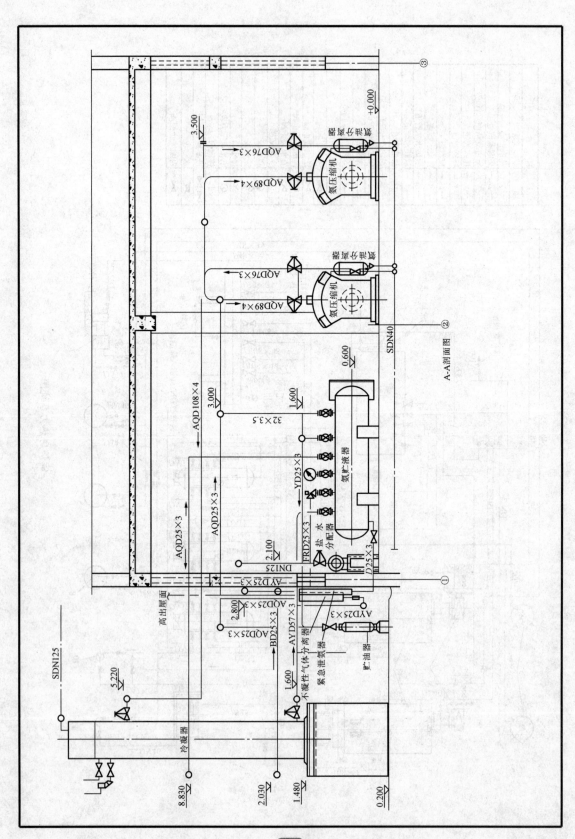

A—A剖面图

146

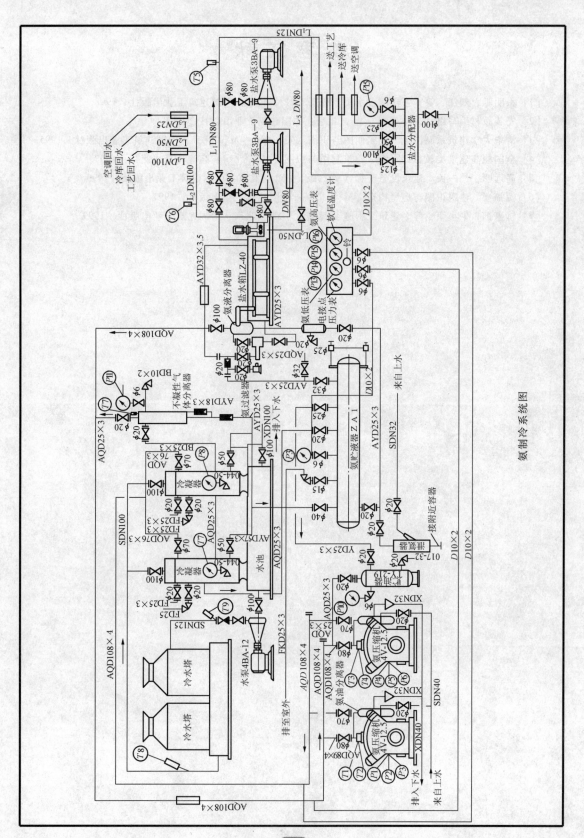

氨制冷系统图

参考文献

［1］ 霍明昕，刘江，等．怎样阅读水暖工程图［M］．北京：中国建筑工业出版社，1998．

［2］ 安装教材编写组．采暖工程［M］．北京：中国建筑工业出版社，1991．

［3］ 清华大学建筑系制图组．建筑制图与识图（第二版）［M］．北京：中国建筑工业出版社，1995．

［4］ 全国职高建筑类教材编写组．建筑制图与识图［M］．北京：高等教育出版社，1997．

［5］ 高远明，杜一民．建筑设备工程（第二版）［M］．北京：中国建筑工业出版社，1999．

［6］ 倪福兴．建筑识图与房屋构造［M］．北京：中国建筑工业出版社，1997．

［7］ 柳惠钏，牛小荣，等．建筑工程施工图识读［M］．北京：中国建筑工业出版社，1999．